与最聪明的人共同进化

CHEERS

HERE COMES EVERYBODY

U0336112

动物思维

BEING A BEAST

Adventures
Across the
Species
Divide

[英] 查尔斯·福斯特　　　　著
Charles Foster

蔡孟儒　　　　译

浙江人民出版社
ZHEJIANG PEOPLE'S PUBLISHING HOUSE

查尔斯·福斯特
Charles Foster

☐ 他毕业于剑桥、工作于牛津，现为牛津大学医学法学和伦理学教授；

☐ 他是名副其实的博物学家，与查尔斯·达尔文、马斯·赫胥黎同为林奈学会会员；

☐ 他是一位执业律师，参与过许多涉及医学、伦理、道德等多重领域的重要法庭案件；

☐ 他也热衷于探险与极限运动，已完成有"地狱马拉松"之称的撒哈拉沙漠马拉松；

☐ 他拥有聪明的头脑、有趣的灵魂、勇敢的内心、强健的体魄、理性的思维和诗意的内心世界；

他就是查尔斯·福斯特。

要想成为真正的人类，必须先回归自然

福斯特生于一个普通中产阶级家庭，父母均是小学校长。福斯特从小便充满了冒险和叛逆精神，为了摆脱父母的控制，福斯特曾一度自行申请了距家遥远的一所公立高中的奖学金。高中毕业后，福斯特回到家，在家附近的梅菲尔德山谷躺了一天一夜，这是他第一次有意识地像动物一样生活。

之后福斯特赴剑桥大学攻读医学法学和伦理学专业，博士毕业后在伦敦一家律师事务所当过一段时间执业律师。其间，福斯特参与了如安乐死合法化、医疗伦理、胎儿的法律权利、药物滥用等多类涉及医学、伦理、道德等多重领域的重要法庭案件。律师这份职业虽然收入不菲，但却让福斯特陷入了困惑：镜子里的是一个"高傲、自以为是、极其自信的律师"，

可这是"真正的查尔斯·福斯特"吗？

这个问题一直让福斯特寝食难安，直到有一天。那时福斯特正在西奈半岛探险，休息时他坐在正午的阳光下，开始回顾自己过往的成就。突然，福斯特意识到，他应该把时间花在观察自己那"极其迷人、万花筒般多彩的灵魂"上，而不是继续不自然地生活。

自那时起，福斯特便着重于内省，关注与真实性和身份有关的哲学问题。"我是谁？""我真的了解我的妻子、孩子、朋友吗？"渐渐地，福斯特得出结论：要想更了解自己、更了解自己之外的任何一人，就要多了解一些非人类物种的知识，即"要想成为真正的人类，我们必须重新回归自然。"

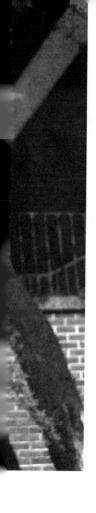

深入动物世界，向动物学习

福斯特从不相信自己能真正成为一只动物，相反，他只是想尽可能地像一只动物那样生活，并借此获得灵感，建立与自然世界的紧密联系。

自孩童时起福斯特便将大量时间倾注在动物身上。福斯特相信动物知道许多他不知道的事，于是他泡在图书馆，如饥似渴地阅读关于他感兴趣的动物的一切。之后赴剑桥学习时，福斯特也不忘将对野生动物的兴趣爱好与自己的科研项目结合在一起。他在喜马拉雅山脉研究过野兔和水蛭，在沙特阿拉伯研究过瞪羚，在埃塞俄比亚研究过骡子，在莫桑比克进行过生态调查……在福斯特看来，融入自然界的行为是一种救赎的过程，会帮助人走出自我否定的状态。

福斯特始终相信，如果要想了解这个世界，"光坐在牛津大学的图书馆里思考是毫无益处的"。只有"变身野兽"，努力提升并拓展感官的灵敏度和注意力的广度，才能真正深入动物世界，从动物身上学会在这个危机四伏的世界中更好地生存下去的办法。

与不同物种碰撞，迸发出新的火花

30 多岁时，第一次婚姻的破裂让福斯特在人类和其他动物的生理差异，以及个人的身份认同等一系列问题上更加沉迷。通过与动物的不断接触，福斯特认识到了自己身上的兽性弱点，也意识到脱离自然的自己是多么孤独和可悲。

在福斯特的家里，小鸟、獾、狐狸和水獭等毛绒玩具随处可见，甚至在客厅的一面墙上，还挂着福斯特曾在射击生涯中取得的一张斑马皮。当被问及怎样看待福斯特想要过野兽般的生活时，妻子玛丽打趣道："我一点也不意外，他总是痴迷于探索生命的意义，或者做一个完整的人意味着什么。而我的重点则在于，我们必须养活孩子们。"

在最近一本书《动物思维》中，福斯特将他对动物学的痴迷推向了新的高度。他身临其境，通过像獾、水獭、狐狸、赤鹿、雨燕一样生活，试图进入动物所感知到的世界，跨越人类思维局限，理解其他生命的思维方式。就像福斯特在书中所说："动物的感官比人类的敏锐，它们眼中的色彩比任何一位人类艺术家的调色盘都丰富，它们的思维比我们认识到的更复杂。"

福斯特写了几十本书，其中很多都在进行美丽而疯狂的形而上探索，都离不开对"人的尊严和自治的极限"的探讨。福斯特承认，人类虽然无法跨越物种的界限，但尝试走进另一种动物大脑的行为仍是有意义的，"你会感受到更多新鲜、奇怪、强烈和未经调和的情绪，获得想象力和创造力"。

献给我的父亲。
父亲总会替不幸被车子撞死的动物收尸；
我的福尔马林和部分标本都是父亲买给我的。
他是我最爱、最尊敬的人。

如果要问"动物是什么",或者念一则有关小狗的故事给孩子听,或者保护动物,最后必定要探讨我们和动物有何不同。也就是说,我们该问的是:"人类是什么?"

——乔纳森·萨福兰·弗尔(Jonathan Safran Foer)

动物的思维远比人类认识到的更复杂

我想知道动物在野外生存是怎么一回事。或许我有办法知道答案。神经科学可以替我解惑，一点哲学思考和大量约翰·克莱尔（John Clare）[1]的诗作也可以。但若要真正了解野外生存的动物，就必须一点一滴地深入进化树，钻进威尔士山坡的一处洞穴，搬开英国德文河（Devon River）河床的石块，了解失重状态、风的形状以及枯燥乏味的时光，把鼻子埋进土里，感受死之将至的颤抖，聆听生命的断裂声。

许多自然写作中，人类都如殖民者般大批入侵自然领域，这类作品记录的都是人类从近 2 米的视角看到的现象，或者将动物拟人化，假装它们也要穿衣服。本书试图从全身赤裸的威尔士獾、伦敦狐狸、埃克斯穆尔水獭、牛津雨燕、苏格兰岛与英国西南部赤鹿的视角看世界，了解在嗅觉或听觉超越视觉的情况下，用双脚或翅膀横越景观是一种什么样的感觉。这里面简直是乐趣无穷。

当走进一处林地时，人类会和其他生物共同感受到森林里的光线、颜色、气味和声音。但是人类眼中的林地和其他生物看到的林地，是同一处吗？每个

---

[1] 英国诗人，常以生态为主题，善于描写自然景色和乡村风光。

——译者注

生物都会在脑中建构各自的世界，并在那个世界里生活。我们的周遭存在着上百万种世界，而探索其他世界是一项充满刺激的神经科学与文学挑战。

神经科学迄今已经取得了许多重大进展，我们可以得知（或根据相似物种的研究合理推测），当獾在树林之间穿梭的时候，鼻子和大脑的嗅觉区域分别会发生什么变化。但是文学探索还在原地踏步。当獾在闻蛞蝓气味的时候，看着獾的脑部核磁共振扫描图，指出发出亮光的是哪一个区域是一回事，而用语言描绘獾看到那片树林时的感受，又是另一回事。

传统自然写作有两大罪状：人类中心主义（anthropocentrism）和拟人主义（anthropomorphism）。人类中心主义会把大自然写成人类眼中的模样。既然书是写给人看的，从商业角度来说，这是个聪明的做法，但若是这样，内容就会变得很无聊。拟人主义则是把动物当作人类来看待，替它们穿上无形[1]或有形[2]的衣物，并赋予它们人类的感官认知。我已经在尽量避免重蹈覆辙，但是可想而知，最后还是会以失败收场。

我将从獾、狐狸、水獭、赤鹿和雨燕的视角，描述它们感知到的世界。方法有二：一是埋首钻研相关的生物学文献，研究这些动物的生活习性。二是身临其境，扮演獾的时候，我就住进獾巢，以蠕虫为食；扮演水獭的时候，我就试着用牙齿捕鱼。动物的感官比人类的敏锐，它们眼中的色彩比任何一位人类艺术家的调色盘都丰富，它们的思维比我们认识到的更复杂。人类从新石器时

---

[1] 如英国田园作家亨利·威廉森（Henry Williamson）的代表作《水獭塔卡》（Tarka the Otter），作者没有让塔卡像人一样穿着，但却通过讲述它传奇的一生，表现了它永不休止的求生愿望。

——译者注

[2] 如英国童书作家、插画家比阿特丽克斯·波特（Beatrix Potter）的代表作彼得兔系列，波特将动物拟人化，创造了一个温馨有爱的动物小世界。

——译者注

代起就开始耕种，但即使翻遍地表所有的土块，人类与土地的亲密程度仍比不上动物。

第一章将探讨我的研究方法可能存在的问题，而我又是如何尽量事先避免的。如果你对我的研究方法没有疑虑，那么可以直接跳到第二章。

第二章描写獾。我曾在不同的季节前往威尔士的黑山（Black Mountains），并在那里度过了几个星期。我大约有 6 周时间都待在地底下，有时在威尔士，有时在别的地方。我的第一次观察持续了两三周，之后陆续又有几次回访，前后时间横跨数年。因此，这一章是由零碎的时光拼贴而成的。它介绍了许多主题以及与后面章节相关的科学概念，例如，由嗅觉和视觉建构的景观概念到底有何差异。因为第二章涵盖了其他章节的内容，所以这章占去了本书最多的篇幅。

第三章描写水獭。水獭的移动距离非常远，它们的"当地"所代表的范围要比本书叙述的其他动物都要来得广阔。水獭在移动时也会随着地形上下起伏，调查它们的移动路线，就等于记录地表的凹凸变化。它们泡在由水稀释的世界里——其实人类也一样，只是我们很少会这么想。水獭和人类的祖先都是从水里爬上陆地的，但是水獭后来又回到了水里。它们并没有完全与陆地隔绝，因此比鱼类更容易观察。我在英国的埃克斯穆尔国家公园（Exmoor National Park）待了将近一年时间，活动范围和水獭一样广，主要以东林恩河（East Lyn River）和巴奇沃西河（Badgworthy Water）为中心，向上至汇入这两条河的高地溪流，向下至这两条河入海的德文海岸。

第四章则描写通过狐狸的鼻子、耳朵和眼睛所观察到的城市人的样貌。这次我来到了居住多年的伦敦东区，夜里在街弄巷道间徘徊，寻找狐狸家族的身影。

第五章我又回到埃克斯穆尔，并爬到了苏格兰西部高地观察赤鹿。人们以为从车窗遥望这一群鹿，便可以比在地上爬行的其他穴居动物都要更了解赤鹿一些。西方神话既同意又反对这种自作多情的想法。我总会不由地想起那些无比神气、头上长角的诸神，它们具有高大的形体，同时仍保有神祇的身份，一与人类眼神交会，便会一溜烟跑开。我这辈子一直都想猎杀一只鹿，所以这一章可以说是打猎之旅。

第六章描写的是雨燕，我看着它们从英国牛津一路飞到中非。雨燕是独一无二的飞行动物，它们跟微小的水母一样体态轻盈。我从小就对雨燕非常着迷。我在牛津提出研究申请的时候，只要一抬头，不到一米的地方就有一对筑巢的雨燕在叽叽喳喳。到了夏天，欢快的燕群就会从我家所在的街道尾端，以我视线水平的高度飞过。我跟着雨燕一路越过欧洲，深入中非。在这章一开头，我提出了一堆"事实"，许多人可能会觉得这些内容充满争议和偏见。这可以理解。我知道这些主张的证据会引发多方的激烈争论，但是请耐着性子看下去，或许你会有不同的见解。扮成雨燕注定会失败，这个点子除了"愚蠢"外没有别的词可以形容。我必须先承认这一点，请各位宽容地对待第六章的研究方法。

我在结语回顾了以上这五段旅程。所有的努力是不是徒劳一场？所有的叙述是否会沦为主观想象？我曾希望写一本书，里面几乎没有我的存在，但终究是痴心妄想。到头来，本书写的还是我如何扮演动物，承认以前未曾察觉的野性，并且为体内消逝的野性哀悼。真是抱歉。

2015 年 10 月，写于牛津

为什么要具备动物思维？

扫码获取"湛庐阅读"App，

搜索"动物思维"，直达作者访谈链接！

BEING

A

第一章

跨越物种：超越人类思维局限

如果要挖出动物最危险也最珍贵的秘密，你必须先完全相信：人类和动物拥有共同的起源。人类从很早的时候起就真诚希冀人类和动物的世界能够合二为一了，但我们和动物之间永远横着一条界限。我的方法是，直接跑到最前线，越靠近越好……

BEAST

我是人类。至少我的双亲都是人类，所以我也是人类。身为人类有一些限制，比如我无法跟狐狸繁衍后代。我必须认清这一点。物种之间的界限其实很模糊，甚至可以说界限是虚构的，有时候还跨得过去。随便找一位进化生物学家就能知道这其中的细节。地球在三四十亿年前就已经成形，但是直到 3 000 万年前（如果地球有眼睛，那大概是她眯着眼眨一下的瞬间），人类和獴还归属于同一类远古生物；甚至再往前 1 000 万年，黑脊鸥也是这个温馨大家族中的一分子。

本书提到的所有动物都是相近的物种，这是事实。如果你不认同，那就只能再好好重读生物学了。在西方，关于生命的起源曾有两种说法，如果纯粹从历史角度来看，这两种说法完全是自相矛盾的。第一种主张神最后才造人，第二种主张神最先造人。不过这两种说法都透露出人类和动物微妙的家族关系。

第一种说法，即神在第六日创造了人和陆地上的动物。这么看来，人类和陆地生物的生日是同一天，有着非常密切的关系。第二种说法，即动物是被创造出来陪伴亚当的，因为神不忍心让亚当独处。但是神的计划失败了，动物的陪伴无法满足亚当，于是神又创造了夏娃。亚当见到夏娃后很开心，并感叹道："终于找到你了！"所有人，要么已经感叹过了，要么就是盼望着有一天能说出这句话。有一种孤独连养猫也无法排解，但这并不代表动物的陪伴毫无意义，看看狗粮的市场有多庞大就知道了。

亚当替所有的哺乳动物和鸟类取名，在与动物建立联系的同时也塑造了动物和亚当本身。亚当开口说出的第一个词就是动物的名字。由于说出的话和替他人贴上的标签也会反过来影响自己，所以，与动物的互动造就了亚当的模样。这些互动反映了一个单纯的历史事实，即**动物是人类的导师，它们照顾我们，教我们走路，牵着我们，让我们蹒跚而行**。而那些暗示着控制权的名字也造就了动物的模样，促成明显而不幸（至少对动物来说是这样）的事实。人类和动物不只共享基因源头和惊人的 DNA 比例，连历史也是共有的。人类和动物上的是同一所学校，也难怪我们之间会有一些共通的语言。

贴近动物，以它为师

有一位研究动物的人曾表示，物种之间的界限是可以跨越的。

怪医杜立德（Dr. Dolittle）[1] 的能力已经满足不了现代人了。人们可以和动物沟通，动物也会做出响应，但这样还不够，还无法完全反映出人类与动物的亲密程度，而且也不够实用。有时候，动物仍不愿透露它们最危险也最珍贵的秘密，比如，遇到干旱，兽群会往哪里移动，或者鸟类为何要遗弃湖泊北边的泥滩。

如果要挖出真相，那么你必须先完全相信：人类和动物拥有共同的起源。你必须绕着营火，随鼓声起舞，一直跳到脱水、流鼻血；或者站在冰封的河面大声吟唱，直到你感觉"灵魂"快要从喉咙中蹦出来；或者吃下毒蝇伞毒菇，

---

[1] 休·罗弗庭（Hugh Lofting）笔下一位能与动物沟通的医生。罗弗庭的《杜立德医生》（*Doctor Dolittle*）在 20 世纪上半叶是美国家喻户晓的少儿读物，之后翻拍的喜剧电影《怪医杜立德》（*Doctor Ddittle*）。

——译者注

看着自己一路"飘"到整片森林的最高处。如此，你才能突破世界与世界之间的薄膜，从你的物种世界进入其他物种的世界。当你费力推进，并且越发醒悟的时候，薄膜便会将你包覆，一如人类母亲用她的羊膜囊包住还是胎儿的你一样，接着你将以一匹狼或一头牛羚之姿重生。

早期的人类艺术会以此类变形为主题。旧石器时代晚期，人类的神经网络经过进化，似乎第一次迸发出了意识的火花，这促使原始人爬进冰冷的洞窟，在穴壁上画下半人半兽的图案：长着兽面兽蹄的人类，或者用人手持矛的野兽。宗教始终带有半人半兽的色彩，即使是当时文明程度较高的埃及和希腊文化，也时常会出现动物的身影。希腊诸神会变身为动物监控人类，埃及宗教艺术则充斥着人类和动物的身体部位。印度教也保留了半人半兽的传统。在我动笔的此时，我正面对着一幅象头神迦内什（Ganesha）的画像。对数百万名信众来说，唯有这些兼具人兽双重身份、可穿梭于不同世界的诸神值得敬仰，而不同世界指的正是人类和动物的世界。这样看来，**人类从很早的时候起就真诚希冀人类和动物的世界能够合二为一了**。

小孩子体内保留的兽性要比大人的还多一些，所以他们更懂得与动物融合的方法。他们会扮成小狗，会在脸上画出老虎斑纹，会抱着泰迪熊入睡，甚至会在房间里养仓鼠。到了睡觉时间，小孩子会央求爸妈念故事书，故事里都是穿着、谈吐跟人类一样的动物。彼得兔和鹅妈妈可以说是半人半兽形象的典型代表。小时候，我也同样想要接近动物。一部分原因是我相信动物知道许多我不知道的事，不知为何，我就想搞清楚这些事情。

那时候，我家花园有一只黑鹂，它那亮黄色眼眶中的黑眼睛看上去无所不知，这使我抓狂。它肆无忌惮地炫耀着自己的见识，这使我更加意识到自己的无知。那对眼睛一眨一眨的，仿佛一张若隐若现、皱巴巴的海盗藏宝图。我看见了地图上那个明确标示着宝藏所在地的红叉；我看见了深埋的宝藏正闪烁着耀眼的光芒，如果能将它们挖出来，那么人生就会因此而改变。但是无论如何拼命，我就是想不出那个红叉会在哪里。

我和认识的人能想到的所有方法，我都试过了。我是个"黑鸫狂"。我会在图书馆待好几个小时，读遍所有提到黑鸫的篇章段落，并且会拿一个作业本记笔记。我将附近黑鸫巢的位置（大多在郊区的水蜡树上）绘成了一张地图，天天带着一张用来垫高的凳子"拜访"它们。我用一本精装会计簿，以分钟为单位记录黑鸫的活动。

我的卧室有一个抽屉，里面装满了黑鸫蛋的蛋壳。每天早上起床，我会把蛋壳拿出来闻，希望闻了之后就能进入黑鸫雏鸟的大脑，让那一天的自己更像一只黑鸫。到了夜晚，我会再次闻一闻蛋壳，希望能在梦中重生为一只黑鸫。我还会把被车撞死的黑鸫捡回家，用镊子拔下它的舌头并风干，放在天鹅牌火柴盒里铺着的棉花堆上。

制作动物标本是我的另一项嗜好。我床的正上方有一只展翅盘旋的黑鸫，它被丝线悬挂在卧房天花板上；还有一只全身严重变形、正从胶合板栖木上呈斜角俯冲而下的黑鸫。我的床边有一罐福尔马林，里面泡着一颗黑鸫的大脑。每晚入睡前，我都会拿着罐子在手上转啊转，试图让自己进入黑鸫的大脑，结果常常是握着罐子就睡着了。

一切努力都是枉然，黑鸫仍是一团难以解开的谜。我很庆幸小时候没有解开这个谜团。要是当时自以为看穿了黑鸫的奥秘，那么恐怕我的人生将变得一团混乱，我可能会成为石油商、银行家或掮客。**太早认定自己掌握了全盘局面、通晓了所有道理，会让人变成怪物。**神秘的黑鸫不断打压着我的自负，所以我始终相信所有生物都很难理解（这点我喜欢），尤其是人类。

我不理解黑鸫，不代表人类就无法理解动物，理解并非不可能。 英国作家贝克（J. A. Baker）在他的《游隼》（*The Peregrine*）[1] 里与我一样，也想变成一种动物，而我则试图变成五种。贝克对游隼的执念强烈到将自己同化成了游隼，他的目标非常明确，就是消灭自我。"今年冬天，无论（游隼）去到哪，我都会跟到底。我将与它共享狩猎生活的恐惧、狂喜和枯燥。直到它明亮双眼的深处那如万花筒般闪烁的色调，不再因我这猎捕姿态的人类皮囊而受惊，变得深邃黯淡。我那未开化的头颅将沉入冬季大地，接受大自然的净化洗礼。"

如果贝克的叙述可信，那他的方法就奏效了。贝克会不自主地模仿游隼的动作，人称代词也从"我"变成了"我们"："这段日子里，我们一同在野外，欢欣又畏惧地活着。"没有人比我更欣赏贝克了，但他的方法不适合我，完全行不通。我不像他那样过得极度不快乐，我并不想毁灭自己，也不相信这个能使生物折断脖子、让幼兽早夭、恣意行事的大自然，代表着某种更高尚、超出人类想象或遵循范围的道德。而且毁灭自己也会使写作变得很困难。如果贝克真的消失了，那么剩下谁来讲述这段故事？如果他没有消失，那么这段故事还能说服人吗？

与罗伯特·麦克法兰（Robert Macfarlane）[2] 类似，贝克的解决方式是发明出一种新的语言：没有羽翼的名词只能俯冲滑翔，穴居的动词在大气层的边缘翻跟斗，副词则老是做出丢脸的事。我爱这种奇特的陌生感，但语言的光芒似乎已经盖过了游隼。最后读者必定会问：现在是谁在说话？一只剑桥大学毕业的游隼，还是一个游隼化的贝克？读者终究无法确定，而贝克的方法也无法真

---

[1] 1967 年出版。贝克花了将近一年的时间观察游隼，以精准又充满诗意的文字记录了每一刻。有评论认为，贝克从一开始的旁观者，逐渐变得与游隼合二为一了。

——译者注

[2] 英国作家，部分作品侧重自然与文学之间的关系。

——译者注

正说服读者。这就是诗歌的天性，诗歌从不"摊牌"。

我和动物之间永远横着一条界限，就像学生与老师那样。我想最好还是先坦承这件事，并且尽可能准确地加以叙述，只有这样，本书的论述才不会前后矛盾。如果每一段文章前面都注明"这是查尔斯·福斯特写的与动物相关的文章"，也许会让读者觉得很乏味，但若改成"这好像是一段獾人的神秘发言"，那么至少读者看了不会一头雾水。

我的方法是，直接跑到最前线，越靠近越好，然后想办法用任何有用的工具紧盯界限的另一边。这个过程和单纯观察完全不同。其他观察家只会抓着双筒望远镜，躲在某个藏匿处，他们不曾思考过古希腊哲学家阿那克西曼德（Anaximandros）提出的令人头疼的问题："游隼能看到什么？"若用范围更广的现代神经生物学的话来说，就是："游隼依据先天基因和后天经验，用大脑处理、解读感受器接收的信息之后，会建构出什么样的世界？"我想知道这些问题的答案。**我们可以从两个方面着手，以不可思议的近距离接近动物，以它为师：一是生理机能；二是地形景观。**于是我利用这两点开始打造藏匿处。

与动物共享感官体验，联结自然

从生理机能来说，人类和动物在进化史上属于同类，至少我和本书大部分的动物都有一样的感受器官。即使感官不同，我还是可以大致描述其中的差异，并且（粗略地）进行量化。

人类和鸟类这两种动物，都是靠神经腱梭（Golgi tendon organ）、鲁菲尼末梢（Ruffini endings）和肌梭（muscle spindle）来判断身体各部位的位置，再靠游离神经末梢（free nerve ending）喊出："好恐怖！""好烫！"人类搜集和传递第一手感官信息的方法，跟大部分的哺乳动物和鸟类非常相近。

只要能知道各种感受器的分布位置和密度，就可以分析大脑接收的信息类型和信息量。比如，蛎鹬会将鸟喙戳进沙地寻找饵蚕，它的鸟喙边缘就布满了默克尔细胞（Merkel cell）、赫布斯特小体（Herbst corpuscle）、格朗德里小体（Grandry corpuscle）、鲁菲尼末梢和游离神经末梢。当蛎鹬把鸟喙戳进沙地，沙地便会产生一股震波穿过湿沙，这时鸟喙的感受器就会像潜水艇的声呐一样，检测到回传信号是否有间断，借此判断饵蚕的位置。有些感受器甚至可以感应到饵蚕的刺毛刮到巢穴的细微震动。

说到接收信号的强度，涉禽在猎食河口小虫的时候，其激烈程度简直可谓是"惊天动地"。就好比人类正以持续勃起的状态逛着超市的食物区，当看到想买的早餐谷片时，立刻就被推到高潮的巅峰状态一样。当然这只是打个比方，所有的信号都会交给大脑中枢处理。

这种从信号变成行动或感官刺激的奇异转换，就是我不解的地方。建立亲密关系的过程，就是逐渐习惯邀请某人来自己的小宇宙参观坐坐。而孤独的感受往往产生于：无论你多么擅长邀请别人，被邀请者就是无法看见你眼中的世界。但我们还得继续努力尝试。

BEING
A
BEAST

如果放弃和别人的联结关系，我们就会过上悲惨的厌世生活；如果放弃和大自然的联结，我们就会变成悲惨的避世隐居人士、欺负嘲弄獾的人，或自恋的都市人。

我们可以朝几个方向努力。我读了许多生理学方面的书，并且试着画过动物的躯体位置图（somatotopic pictures），也就是身体各个部位在大脑皮层中所占的比例。人类的躯体位置图有着巨大的双手、脸部和生殖器官，还有细小的躯干。老鼠的则有着超级大的门牙（一如穴居人最惧怕的剑齿虎）、大脚掌，还有无比敏感的胡须。

关于躯体位置图，有一件事要注意：这类图完全没有说明信号的处理过程，也没有解释输出结果。我们只知道老鼠的胡须占了它许多的脑容量，但不清楚胡须是否主导了老鼠的世界观。尽管如此，躯体位置图仍然是很好的开端。

我们可以拿来比较自己对特定情况的反应。

每种动物处理信号的过程都不相同，但是我有充足的理由相信，如果我和狐狸同时踩到了铁丝网，那么我们会获得相似的"体验"。由于我是拿狐狸跟人类比较，所以"体验"这两个字有必要加上引号，这容我稍后详述。

现在我只想指出，狐狸的脚和我的脚都有痛觉感受器，它们会用或多或少相似的方法，沿着或多或少相似的途径，将电信号发送到末梢和中枢神经系统，交给大脑处理。这时，大脑就会传递"脚踩到铁丝网了，赶快抬起来"的信息给肌肉。在这之前，我们可能早就因为反射作用把脚抬起来了。这次大脑处理的方式，绝对会在我和狐狸的心里烙下深刻的烙印："千万别去踩铁丝网，绝对没有好下场。"这是我和狐狸共同享有的"体验"，我们都以相似的神经传导方式取得了教训：我们知道踩到铁丝网会有什么后果，这是其他没踩过的人类和动物无法获取的信息。

我认为我和动物有可能共享许多神经序列，这种说法十分意味深长。假设我和狐狸一起躺在山谷里，这时一阵微风吹来，虽然我们对风吹的感受相差无几，但想法却可能（或一定）会有差异。狐狸对风的解读或许是，树林里有兔子在马栗树旁吃草；而我只会感到寒意，并想添件外衣。尽管意义不同，但我们都会感受到那一阵风，这是不争的事实。至于连带产生的意义差别，可以靠后序观察来论证。

人类总喜欢贬低自己的感官能力，认为野生动物比我们更能在野外生存。我怀疑人类只是想替感官严重弱化的沉闷都市生活找借口："我必须住在有中央空调的房子，吃着罐头食物，因为我无法住在树上，靠捉松鼠维生。"同时表明自己的感知能力比动物更优越："动物的听觉和嗅觉比较好，但因为我已经脱离了这种依赖脑干的原始功能，所以我不需要嗅觉，只要用大脑思考，这就够了。"

实际上，我们的野外生存能力并没有那么糟。小孩子可以听到频率超过20 000 赫兹的声音，跟狗（通常是 40 000 赫兹）差距不大，比小水鸭（最高2 000 赫兹）和大多数鱼类（一般 500 赫兹出头）好多了。再说，人类对低频声音的听力比许多小型哺乳类动物要好得多。这也是一个不去夜店的好理由。就连大多数人以为的随着进化而退化的嗅觉，其功能大多也是完整的，而且都还很有用。3/4 的人可以从 3 件有人穿过的同款上衣中，闻出自己穿的是哪一件。超过半数的人可以从 10 件上衣中闻出自己穿过的是哪一件。

不管接受与否，人类都是有着多重感官的动物，跟田野和林地的近亲物种一样，能知道微风、光照或震动代表了什么。

人类的狩猎基因

与动物相比，人类也有优势。**人类有自我认知，也能分辨人类与动物的生理差异，并借此叙述人兽的相同与不同之处，这是人的认知优势。**不过，还有其他理由证明人比沼狸更适合写这本书。

人类是生理学的通才，我们会均匀地运用各种感官。沼狸太依赖嗅觉了，因此不能算是一位可靠的作家。更何况，人类拥有意识。当我的祖先在东非莽原上靠着两条腿撑起上半身行走时，她迈出的可不只是几步，她还由此进入了一个全新的世界。[1] 她的世界一下子从草地的高度和晒干泥土的气味，升级成远方的地平线和头顶的星空。她放眼望向地上那些爬行动物，以它们无法达到的境界看着它们，动物们也抬头看着她。她可以看见动物在灌木丛中相互连接的爬行途径，而动物们却不自知；她也可以看见动物的背部，以及它们生命的脉络和模式。就某种程度而言，她已经超越了动物对自我的了解。这一切都要归功于人类的两足立姿，人类的认知能力从那时起便开始飞速提高，人类也在不断增加对动物的了解和认知。

精细复杂的认知能力会产生假设，并会用各种变量对其加以验证。当然地点得是在舒适的洞穴，而不是在充满箭矢、利角和尖蹄的、生死就在一线间的野外。于是，人类能够推知牛羚下个星期将进行哪些活动。提出假设并验证需要大量的运算，我们每天都在做这件事，这就是思考。换句话说，如果想知道牛羚下周二会在哪里做什么事，猎人很可能会比牛羚自身还要清楚。我们甚至可以说，猎人掷出长矛，成功刺中牛羚，就是猎人比牛羚更了解牛羚自身的初步证据。我们的祖先可是非常优秀的猎人。

有了认知能力（不止于原始的大脑处理能力），就得谈谈**心智理论**（Theory of Mind），**即理解他人心理状态的能力**。这种思考模式跟"牛羚下星期要做什

---

[1] 1974 年，科学考察队在埃塞俄比亚发现了雌性南方古猿的化石，认为这是人类起源的始祖。挖掘化石期间，由于营地不断播放甲壳虫乐队的歌曲《露西在缀满钻石的天空》(*LUCY IN THE SKY WITH DIAMONDS*)，因此研究人员将化石昵称为"露西"。1992 年，另一支考察队在埃塞俄比亚挖到了年代更早的雌性始祖地猿化石。自此，阿尔迪（Ardi，阿法尔语，意思是"地面"）便取代"露西"成为已知最早的人类祖先。

——译者注

么"不太一样。女性的心智理论比男性的强,所以女性待人处事往往更圆融,比较不容易挑起战争,或是在聚餐场合兀自高谈阔论。

心智理论不仅限于人类之间的感同身受,还包括理解其他动物的心理状态。从广义来说,运用心智理论可以与万物心智互通,这也是为什么中世纪的人会将女巫烧死、浸水椅的理由。[1]也难怪教会烧死的女巫人数远比巫师来得多,而且传说中女巫身边总是少不了动物,甚至大多数人还认为女巫可以变身成动物。如果你可以理解其他物种的心理状态,那你应该也能理解它们的行为模式,并最终从双臂长出羽翼,或者从手指生出利爪。

猎捕文化需要特定的心智理论才能找到要猎杀的动物,但是在知晓动物感受的情况下,猎捕行为又会造成内心冲突。于是,我们必须如丧亲般替动物举行盛大的仪式,只有这样才能化解我们猎杀的矛盾心理。文明的猎人凭着心智理论与动物产生联结,这就像我们懂得孩子的感受、会哀悼同类的死亡一样,道理是相同的。

BEING
A
BEAST

古老的智慧曾明示不得断开与动物的联结,这句话千真万确。即使没有长着犄角的诸神来审判,地球也会以严厉的手段仲裁造成生态毁灭的人类。

如今我已经放下猎枪、开始茹素,但过去我也曾全副武装地在山间林地狩猎。在我创作的当下,墙上的非洲羚羊正满怀怨恨地俯视着我的电脑。

每年 10 月,我都会跳上北上的火车,去寻找苏格兰西部高地的赤鹿。我

---

[1] 中世纪欧洲的宗教认为天灾人祸都是由魔鬼引起的,凡是不遵守社会或宗教规范之人,必定会遭到邪灵附身,而那些能跟邪灵沟通的女巫或巫师,则是邪灵的代表。

——译者注

曾经想把英格兰西南部萨莫塞特郡（Somerset）的狍子，以及肯特郡（Kent）盐沼的野鸭悉数捕捉。以前捕捉野兔的时候，妻子当过我的步枪支架。女儿10岁那一年，我还买了一把霰弹枪给她。我会用鞭子管教米格鲁猎兔犬，带着猎狐犬和猎鹿犬追赶动物，也曾在《射击时代》（The Shooting Times）[1] 周刊开辟专栏，并在几家知名乡村俱乐部的烫金猎物记录簿上留名。我曾在林肯郡（Lincolnshire）微笑着与一堆死去的林鸽合影留念，在琴泰岬半岛（Kintyre）彻夜钓海鳟。当年在皇家迪赛河谷（Royal Deeside）学会的钓春季鲑鱼的特殊鱼竿抛投法，我至今还记得。我会在酒吧凭记忆大唱"莱达猎犬秀"（Rydal Hound Show）[2] 上播放的歌曲。即使现在不打猎了，我也还是会逛逛狩猎展，抚摸一下诱惑人心的胡桃木枪托。

这些陈年往事令我羞愧，并且让我十分后悔。我变得麻木不仁，而且花了很长一段时间才摆脱这种心态。但打猎也教会了我很多技巧。我学会了爬行和安静地卧躺，我曾在亚盖尔郡（Argyllshire）的一条溪流中静静地躺了3个小时，溪水流入我的上衣领口，再从裤管流出。我曾在保加利亚的森林坐看牛虻叮我的手，也曾在纳米比亚的河流看着水蛭缠上我的脚踝，一路朝鼠蹊部进攻。许多早晨，我会以绿头鸭的视角看着一大片荒地。我看过冬季萨莫塞特平原上两棵悬铃树枝干交舞的摇曳姿态；我知道爱尔河（River Isle）的鳗鱼为什么要穿过草原，奔赴爱尔阿伯茨村（Isle Abbots）的水道；我闻得出伊尔明斯特（Ilminster）附近两头雄鹿粪便气味的差异。

打猎让我重拾感官的敏锐。带着枪的人，他的视觉、听觉、嗅觉和直觉都

---

[1] 英国发行的射击与枪械杂志。

——译者注

[2] 英国的莱达公园（Rydal Park）每年都会举办"莱达猎犬秀"，由评审依各项评分标准选出最优秀的猎犬。截至 2018 年 8 月，"莱达猎犬秀"已经举办了 115 届了。

——译者注

会比拿着赏鸟图鉴和望远镜的人更加优秀。动物即将到来的死亡，仿佛打开了某个深埋在人体内的古老开关。我们必须尝到弥漫在空气中的死亡才能完全苏醒。或许，这是因为人类祖先无法像我们一样手持高速枪械猎杀无害的草食动物，他们必须拼尽全力，绷紧每一根神经，才能从高风险的猎捕行动中安然身退；或许，这是因为人类和其他动物都会无预警死亡；或许，在猎人与猎物进行完美交流之际，第一项令人欣喜的成果就是人能从猎物的角度来感知世界，有时那简直像是体内有两组平行的神经系统在疯狂运转：一组是自己的，另一组则属于那只被盯上的雄鹿。

狩猎可以把进化和发展的时针往回拨，让你重获先祖的感官，以后你的子孙也会有同样的感受。如果放任孩子不管，你会发现他们无时无刻不在"狩猎"。我的孩子天天都在追踪猎物的行踪和气味，到处翻找石块，而且总能精准地找到目标，仿佛长了一对千里眼似的。

大儿子刚满 8 岁，大家都叫他"抓蟾蜍的小汤姆"。每次带汤姆去陌生的田野，他都会先观察四周，接着直直走向近 200 米外的一颗石头，两手一翻，下面果然就藏着一只蟾蜍。问他是怎么知道蟾蜍在那儿的，他总说："我就是知道。"要是回到数千年前，他这等特殊能力不是招来杀身之祸，就是让他变成备受尊崇的肥胖富人，村里的女人都排着队等着做他的妻子。如果这种天赋带有基因的成分，那么这个基因肯定有很大的可能性会传给后代，而事实确实如此。许多保险精算师都有这种尚未觉醒的天赋。比起看懂资产负债表的能力，**天择更会坚定地保护人类的狩猎基因。**就算是每天按部就班的上班族，也可以瞬间唤醒与生俱来的天赋。

做一只蝙蝠是什么感觉

我们是猎人。我们的祖先是为了兽皮而打猎，现代人用一模一样的技巧，却是为了探索动物的世界而打猎。不过，我们优秀的认知能力在这场狩猎行动中并不是每次都能派上用场。比如，狐狸对我们觉得无聊或有趣的事物大概就是无动于衷的。大白天的时候，狐狸通常会躺在安全的地方打盹或保持警醒。扮成狐狸的时候，我也照做了。我扮的是住在都市的狐狸，所以我就在伦敦鲍尔区的某个后院躺平，没有准备任何食物和水，随地排泄，努力引起当地住户的敌意。我三两下就达成了目的。

这一天收获良多，我对身为狐狸有了更进一步的认识。但是，我的大脑产生的想法，并不是狐狸真正的想法。躺在石板地上时，我盯着面前的蚂蚁军团一直看到入迷，并忍不住思索蚂蚁之间的关系，还有它们的沟通方式。但狐狸看到蚂蚁时大概不会有这种反应。当围篱的那一头飘来印度菠菜马铃薯咖喱的气味时，我会想菜肴中是否加了姜黄；换成狐狸，它大概只会注意到那栋房子有食物，待会该去翻一下垃圾桶。除此之外，那一整天我都觉得很无聊，很想读本书、跟人对话，或做任何能转移注意力的事情。

动物也会觉得无聊，或者说那是一种相对的感觉，比如坐在汽车后座的狗或许更想下车去追逐野兔。但我怀疑完全无事可做的压力对人类的折磨要大过动物，说不定动物根本就没有这种压力，说不定光是知道今天随时有可能死亡、交配或进食，就足以刺激它们长久地保持清醒。至于身处伦敦鲍尔区、躺在自己排泄物之中的我，对这些可能性已经或多或少看清了，于是扮演狐狸的生活真不是一般的难受。

我一直绕着意识层面的问题打转，因为我和其他人一样，不知道该如何切入重点。约莫每一本谈论动物知觉的书，都会在卷首引用美国哲学家托马斯·内格尔（Thomas Nagel）那句万用名言："做一只蝙蝠是什么感觉？"引用这句话其实带有讽刺意味，因为内格尔的本意是任何意欲描述非人生物意识的书，都会遇到无法克服的难题。首先，就许多案例看来，我们不知道特定物种是否具有意识，或者特定物种的特定成员是否具有意识，比如《纳尼亚传奇》（*Narnia Chronicles*）中同时有会说话、自省和不会说话的动物。其次，这也是内格尔的重点，意识不能用比拟的方式论述，不仅明喻不可行，暗喻也很棘手。

意识具有主体性。我意识到有个叫查尔斯·福斯特的跟其他个体不同，同时也和我自己的身体有所区别；我坚信有个查尔斯·福斯特存在于这世界上，这个查尔斯·福斯特就是我，而这个"我"与我的肉身是两回事。现在构成我身体的无数细胞上星期还不存在，下星期又会死亡，但是我今天可以说查尔斯·福斯特上星期沿着萨莫塞特的一座山丘往上爬，下星期要去雅典。这种说法的意思是有一种根本意义上的我住在这尊身体里，这听起来似乎跟灵魂的概念相去不远。

没有人清楚意识从何而来。持简化论[1]观点的人坚持那是神经系统的产物，是某种大脑分泌的物质。但还是没人能提出说服力十足的论点来说明大脑最初如何产生出意识，或者为什么在产生之后，会选择继续进化这项功能。

我们可以在记录人类历史的事物上见到意识的痕迹。我们的意识似乎从旧石器时代晚期就开始发展了，大量使用的符号和区分你我的事物就是一大证据。有一种推论颇具说服力：苦行、疲劳、脱水所引发的意识状态的变化，很可能会催化某种过程，最后产生意识。这种说法很有趣，但是仍旧没有解释意识的本质，意识为何存在，以及在哪里存在。英国博物学家赫胥黎（T. H. Huxley）发现受到电子刺激的神经细胞会产生意识，这跟阿拉丁擦一擦神灯就会跑出精灵一样令人无法参透。现代神经科学对此也没有进一步的佐证。

---

[1] 简化论（reductionism）主张世界依循简单的法则运行，所有复杂事物都是由简单细小的分子组成的，所以我们可以用简单的现象来解释复杂的现象。

——译者注

简化论者一遇到这个问题就会头疼，因为没人知道意识存在的目的是什么，也不能确定意识是不是某个有用特质的副产品。**任何会在物竞天择过程中留到最后的功能，都不需要意识。**没有意识也可以捉鱼维生。拥有自我意识也不能阻止猎食者撕裂你的身体。心智理论或许可以提供天择优势，但是心智理论不需要意识，甚至在视觉辨别上也不需要意识。

英国神经科学家劳伦斯·韦斯克兰茨（Lawrence Weiskrantz）曾找来一位由于大脑视觉皮层受损而导致左眼失明的患者做实验。实验对象的眼睛功能没有问题，但是因为连到大脑视觉皮层的神经通路或内部神经受损，使他看不见左侧视野内的物体，但是当科学家请实验对象猜测该物体是什么时，他答对的概率又高于随机猜测。如果摆一个垂直开口的邮筒在左边，实验对象就会把信件竖起来垂直放进去；如果左边有个人在做表情，那么他也常常能模仿出正确的表情。即使左半边的世界与该患者毫无关联，他也能应对得相当好。虽然该患者认知的自己与左边视野的世界并不常接触，但是他的身体却仍与左边世界保持着密切的联系。

某些动物肯定具有意识。新喀鸦的例子就很有说服力，尤其是在自我认知的方面。**越懂得挖掘意识，我们就会找到越多的意识。**地球仿佛是一座意识花园，众多意识在这里茁壮生长。但是就我所知，本书提到的除人类以外的动物都没有展现出意识。我不太相信它们真的不具有意识，至少狐狸和獾是这样。虽然几乎所有关于动物的童书和成人童话都已经替它们安上了意识，但我还是没有对它们有意识做出假设。

就算有证据证明这5种动物具有意识，对本书影响也不大。人类意识在一个人身上的体现，也只有小说家和诗人有办法探索深究。而且最厉害的作家也只会得出一个结论，那就是人的意识几乎无法捉摸。就算现在我们对他人意识的运作方式已经有了一定的了解，但还是无法否定以上结论。做一只具有特定意识的狐狸意味着什么？这将开创出新的荒野诗歌艺术。但即使真有可能，我们也无法从中了解狐狸世界的全貌。尝试表达做一只有感知的普通狐狸是什么感觉，实在很有趣，但也十分困难。

生理机能的功用差不多就这样了。我们和其他动物有许多共同的生理机能，而彼此的差异也可以靠其他手段合理地加以探索。

通过对话理解其他生命的思维

第二种接近动物的方式是通过地形景观。我可以去它们所在的任何位置，淋同一场雨，被同一株荆豆扎伤，在大卡车驶经的路面感受到同一波震动，看着同一位猎人扛着枪路过。当然，这些事情对我和动物的意义大不相同。那把枪不太可能对准我，那场雨会把蠕虫逼出地洞，而獾应该会比我对雨更感兴趣。不过我和獾依然共享着某种真实又客观的东西。没错，我和獾的世界是各自在脑内用独一无二的神经系统打造而成的；没错，我们很难得知其他生物是怎么看待荒野上的一块石头的。但是这并不代表石头就不是一种客观的存在，也不表示透过非人生物的感官理解的这块石头，就一定是毫无意义或意义不连贯的。

我和动物说着一种共通的语言：一种来自神经细胞的信号。通常它们说的是方言，尽管理解起来很困难，但仍然可以理解。如果一时听不懂它们在说什么，你可以借助当下的情境来判断，而情境就是这片大地。动物由大地而生。一只普通獾身上几乎所有的分子，都来自其出生地周围不到 1 平方公里的区域。獾在脱离母体之后，会循着一条地道钻入森林的幽暗处；将死之际，它很可能又会回到同一条或与之类似的地道，在相同土壤的包围中，于地表之下长眠。獾的身体将被巢穴的土壤吸收、分解，接着被虫类吃进肚子，最后又会变成后代獾身体的一部分。**大地和动物之间看似有一种富有创造力的深层共鸣，而事实确实如此。很少有动物离开原生地后还能继续繁衍。**

我和出生地的联结就不如动物来得深。我必须下更多功夫才能和大地产生共鸣，有几样事物对此很有帮助：史书、传统的农夫歌曲小调，以及深植在大地和我的心灵中的故事。这些故事就像是我和大地的一部分，一如獾背上的土壤也成了獾的一部分一样。我可以慢慢学习大地对我和獾诉说的神话语言，即使我和獾都把各自的方言说得七零八落，我们也可以通过大地的语言搭起对话的桥梁。

这时候做一位厚脸皮的人士就方便多了。法兰克·弗雷泽·达令（Frank Fraser Darling）坚持一年四季都光着脚在他最爱的岛屿上行走，因为他认为隔着厚厚的登山靴鞋底很难感受地球的脉动。我想，正是光脚走路，让法兰克变成了更优秀的动物学家。

放下工具，用直觉去感受吧。在比阿特丽克斯·波特和艾莉森·厄特利（Alison Uttley）[1]的世界之外，动物可没穿衣服。穿上户外服装的你，是无从得知毛皮较单薄的动物是如何感知世界的温度的。我就认识一个全身赤裸、在英国步行数百公里的人。遇到他的英国人都以英国人一贯的典型作风，假装没看见这位仁兄的不寻常之处，只是简单地向他道声："早安。"

雨衣完美地阻止了山涧溪流为你的想象力注入一汪活水。学唱老歌，品尝当地的佳肴；坐在田野一隅，仔细聆听；带上耳塞，闭起眼睛深呼吸；开启你的嗅觉中枢，任何气味都不要放过。进化生物学主张个体之间的相互联结，是

---

[1] 英国童书作家，代表作为小灰兔（Little Grey Rabbit）系列。

——译者注

科学版本的不二论（Advaita）[1]，即唯有好好感受，才能获得对人或事物更好的理解。

BEING
A
BEAST

动物是什么？人类是什么？要得知答案便要与生养万物的大地不断对话，只不过人类的这场对话比大多野生动物进行得更为呆板、结巴。对话会变成故事，反过来塑造个性的形状和特点。于是我们歌颂赞美的那种动物，以及我们想亲近认识的那种人便出现了。

我想要与大地更流畅地交流。这是了解自我的一种方式，我很迷恋自我，所以这件事绝对值得一试。流畅对谈的其中一个好办法，就是跟大地上那些我们称之为动物的、毛茸茸、长满羽毛或鳞片、高鸣、飞扑、尖叫、翱翔、发出嘟哝声、蜂拥而来、大口喘气、拍翅鼓翼、猛拧扭绞、摇摇摆摆、捣乱、迈开步子慢跑、撕裂拉扯、突然窜出、鼓舞雀跃的形体侃侃而谈。

话会越说越好，关系会越培养越深厚，成果需要时间来累积，也需要对对方有一定的了解。所以我读书，学习与光合作用、巨石阵、片岩、动物粪便和气味相关的知识。我在笔记本里贴了几片叶子，不时轻抚。我还买了鸟鸣有声书在地铁上聆听。我发现，只要仔细倾听鸟类的鸣叫，就能得知那只鸟的个性和生活细节。就算事前不知道是哪一种鸟（有些美妙的有声书不会把鸟名硬灌进你的耳朵里），我也可以听出那是黑喉歌鸲（blackthroat）正在夏日的落叶林里胆怯地跳舞。它一边对不知何时会从天而降的死亡保持着警惕，一边以手术钳般精准的鸟喙捕食着昆虫，它还过分讲究地把羽毛啄得蓬蓬松松，最后它早早向南飞去了。

---

[1] 印度哲学用语，字面意思是非二元，哲学意思则是"梵"与"自我"为不可分割的唯一真实。

——译者注

不过大多时候，我只是到处闲逛发呆。我裸身坐在沼地上发抖，看着云雾被风吹散；我游进东林恩河鳗鱼所在的黑暗洞穴，住在自己挖的威尔士山丘的小獾巢里；我躺在公路旁，被车头灯烦得不堪其扰，同时感受着卡车驶经时颤动的柏油路；我也和所有人一样，在周日午后慢吞吞地穿上大衣，带着孩子到公园喂鸭子。一点一点地，我逐渐学会了动物的只言片语，并且也欣喜地得知，动物们听懂了我的话。

　　哲学家维特根斯坦（Wittgenstein）曾说过，即便狮子会说话，人类也听不懂狮子的一字一句，因为狮子的世界和人类的差距太大了。维特根斯坦错了，至少我知道他是错的。

BEING

A

第二章

"适者"比"强者"更有生命力：獾

獾具有真正的自我意识，它们是哲学家，对"美好生活"有自己
的概念。它们每日都住在无人地带，生存条件十分严苛，因此在
这个群体中，丝毫容不下粗心大意的半吊子。獾的心力几乎全都
放在生存这档事上，而生存的意义便是可以见吾所见、行吾所往、
选吾所择。

BEAST

如果你把一条蠕虫放进嘴里，那么它会立刻感觉到那不祥的热度。你以为它会赶紧往深处爬并掉进你的食道吗？虽然暗处通常是安全的避风港，但它不会这么做，它会从你的齿缝钻出来。我的牙齿有许多大大小小的缝隙，因为在20世纪70年代的谢菲尔德（Sheffield），可没人戴牙套矫正牙齿。蠕虫会把身体缩成细细的一条线，拼命从你牙齿的缝隙中钻出来。如果被昂贵的牙套挡住，怎么钻都钻不出去，那么蠕虫就会陷入疯狂。它会猛烈摇动，像离心机一样快速旋转躯体的后半段，鞭笞你的牙龈。最后它会非常沮丧地蜷曲在舌系带旁边潮湿的空间，思考自己的处境。等你再次张开嘴巴时，蠕虫就会用身体尾端压住嘴巴底层，像弹簧一样弹出去。

第一次咬住蠕虫时，我以为会像每个钓鱼客熟悉的画面一样（希望钓鱼客也觉得这很讨厌），蠕虫会不停地扭动，想挣脱鱼钩。结果却不是这样。像我这种不敢用臼齿把蠕虫磨碎，所以斯文地改用门牙咬断的人，只能将压碎作为吃下蠕虫的主要动作。压碎不同于其他动作，被压碎的动物只会卧倒，而且似乎不会觉得有多痛。有一次我在苏格兰被重物压到了手臂，当时，我完全不觉得痛，反而受到脑内啡的影响，产生了飘飘然、仿佛上天堂般的麻醉快感。或许蠕虫也有某种原始的镇静系统，但我认为不太可能，从进化角度来看，这种功能既突兀又过于奢侈。总之，蠕虫被咬断之后就会停止反抗，乖乖被我收入嘴里咀嚼。

蠕虫吃起来黏糊糊的，带有土味。它们是最地道的食物，借用品酒人士的话来说，就是能感受到一种非常特殊的"风土"。法国沙布利（Chablis）的蠕虫吃起来有一丝矿物的余韵，在嘴里久久不散；皮卡第（Picardy）的蠕虫则有着浓浓的霉味，那是一种充满腐土和断木的味道；英国肯特原野（Kent High Weald）的蠕虫新鲜又单纯，适合搭配炭烤比目鱼一起享用；萨莫塞特平原的蠕虫则有一种皮革和黑啤酒的过时古板风味；威尔士黑山的蠕虫就很难定义了，如果蒙着眼吃，这种蠕虫的味道绝对会难住你。我的文字能力还不足以形容黑山蠕虫的滋味。

蠕虫身上黏液的味道和身体的有所不同，而且每一种蠕虫的黏液吃起来都不一样，非常神秘，跟身体的"风土"没有明显关联。用力吸吮黏液的话，你会发现沙布利蠕虫的黏液是柠檬草和猪粪的味道，至少春天时是如此。肯特原野蠕虫的黏液则充满了电线烧焦味和口臭味。虽然蠕虫的味道会随季节变化，但没有你想象得那么明显，反而是颜色的改变会比较明显。诺福克郡有两种颜色的蠕虫，一种像婴儿尿布的白，一种则是石蜡白。尽管这两种颜色的蠕虫一年四季都有，不过 8 月的时候"尿布白"会比"石蜡白"多。

一般而言，獾的食物大部分是蠕虫。这件事降低了獾的魅力，同时也让獾变得更加难以接近。不过，这道难关却激励了我。

以獾为始

獾是最好也是最糟的起点。

獾是最糟的起点，是因为我们自以为了解獾。小时候，我们最喜欢拟人化的獾，就算长大之后对此少了一点热情，拟人化的獾也还是很讨人喜欢。它们那宽大的下颌常常会叼着一管药草烟；那对可在夜间移动数千英里，并且最受吉卜赛人喜欢，能用烟熏烤来吃的后腿，在穿起厚绒斜纹棉布长裤后也很帅气；那双掘起土来强有力，同时还会拍打机器的前脚，可以在周日晒完日光浴之后，轻松解开背心的黄铜纽扣。獾住的家看起来都有百年以上的历史，这暗示獾很有智慧，把家盖得十分坚固。听到其他爱幻想的动物提出的意见后，它们那颗有暗色条纹的头就会充满威严地摇摇，表示不赞成。

獾也是最好的起点，因为獾比起苍鹭更容易打破人们的传统观点，而且我对苍鹭的研究也较浅。跟随獾是燃起你情感的最佳途径。它们是很棒的老师。在天色逐渐变暗的森林里，獾会瞪着机灵的双眼盯着你，若有所思般地用前掌拨弄着它的灯芯绒吊带裤，然后把你的脸蛋划得皮开肉绽。

獾总会让我想起伯特和黑山。并不是说獾与威尔士中部有明显的关联，其实獾跟这些都无关，它和萨莫塞特、格洛斯特郡（Gloucestershire）或德文郡的关系反倒还更密切一些。我之所以会这样认为，原因是伯特有一台杰西博（JCB）挖土机。

我和伯特很久以前就认识了。我们曾在地球上最讨厌的几个地方一起流血、受苦、咒骂和痛饮。现在，伯特正在英国最陡峭、最贫瘠的土地开垦耕种、从容漫步，旷野上的幼苗被石块和坡度阻挡了生路，山谷也被滴着水珠的阔叶林挡住了，但是伯特不在意，因为自己在家酿苹果酒、遍览山水风光并不需要几个银子。

我们在阿伯加文尼（Abergavenny）车站和伯特会面，我带着 8 岁的汤姆。獾是重视社交和家庭的动物，无法离群索居。汤姆虽然患有严重的阅读障碍，但他也因此获得了一项美妙的天赋，即可以从更完整、亲密的关系角度去看世界。我想，这样的汤姆远比我更接近獾。汤姆没有遗传我的悲剧病状：我认为只有可以被当成逻辑命题的事物，才有被赋予意义的价值。

獾的沟通方式很有效，内容很丰富，目的很明确，它们的沟通丝毫没有抽象的成分。 抽象是书写语言建构出来的灾难，用语言指涉文字本身以外的事物，把根变成"根"这个字，再用层层细微的差别将其包覆，厚到差点令事物本身窒息。

汤姆知道根是什么，他永远不会搞错，就跟獾一样。獾喜欢啃树根，不喜欢啃抽象概念。汤姆从生态学的角度，以关系（与其他人类的关系，以及跟大自然的关系）来定义"汤姆"这个词，即"汤姆"由各种关系组成，在关系里存在。这比我对自己的认知更精确、更健康、更有趣，也更接近獾。我怀疑獾的巢穴里其实充满了病态的原子论。另外，汤姆身高 1.37 米，我 1.83 米，从离地高度而言，汤姆的视角也比我更接近獾。刷过獾脸颊的蕨类植物同样也刷过汤姆的脸庞，他的鼻子也比我的更靠近腐叶堆。汤姆、我和所有的獾最后都会化成腐叶堆的一部分，被蠕虫吃进肚子。

我们跳上伯特的越野车出发了。我们先是去载货，将货物在车上绑好后，便去到一家烤派店吃用不合格的牛肉做成的肉派（因为实在没有很想吃的蠕虫），最后我们回到了农场。

几年前，我在伯特的厨房头一次认真反思变成另一种动物的可能性。伯特活像只两栖动物，在人性和兽性之间快乐地生活着，但这并不是我想变成动物的原因，我一直都很清楚。那只是伯特的魅力来源。我想变成动物也不是因为伯特的厨房不断地在野外和《小猪佩奇》之间来回兜转。原因其实是他的妻子梅格。梅格是一名"女巫"，是你能想到的最棒的女巫。坏女巫只会用针扎蜡娃娃害人，而梅格则是用针来治病。不过梅格对个体之间相互联结的概念，在过去的英格兰是会让她被送上木柴堆烧死的。而与其说伯特是一位丈夫，不如说他是供女巫驱使的精灵，是跨越专制物种界限来帮助女巫的伙伴。这位蓬头垢面、蹦蹦跳跳的小精灵即使一脚被捕兽夹夹住，也依然很快乐。

十多年前，我和伯特在撒哈拉沙漠的马拉松活动中认识。当时我替他那双被磨破的双脚擦碘酒，于是伯特便邀请我拜访他的农场。他在这个村子出生，一路从纳米比亚的钻石矿坑到剑桥，再到埃塞俄比亚、阿富汗和加萨的兽医诊所。接着，他便和梅格结识并在一起了。

伯特夫妇的厨房交织着各路景色。窗外山丘的翠绿色倾泻在地毯上，计算机旁挂着一把青铜器时代的斧头。梅格认为不论是我还是其他任何人，毫无疑问都能变成动物。

"放眼所有文明，人们一直在变身。你想飞翔吗？一堆鸡尾酒就能给你一对翅膀，那里就有一些酒谱。"梅格指着书柜说。

"你想变成狐狸吗？只要在不见光的房间点一根蜡烛、带一只鸡，多多练习就行了。毕竟这些生物在进化史上，只不过比我们更靠近起始点一些。我们可以划船逆流而上，我有认识的船夫。或者，如果你够聪明，你也可以直接逆转流向。"

我当时对此深信不疑，现在也没有一丝动摇。我想要这种能力，但也惧怕这种能力。我倒是读得懂生理学书籍，也不怕感同身受。我想知道他们能带我进入獾的皮肉到多深。

重组大脑

我打算在平顶山的一侧挖地洞。人类曾在山顶上为了利益骨肉相残，但獾不会做这种事，早在青铜器时代的孩童被杀以前，獾就驻守在这片山谷中，挖空山丘，建造了许多如迷宫般盘根错节、却又不失雄伟的獾堡垒。要是哪一位黑暗之神在尝了孩童的味道后，因不满意而发怒顿足，那么挖空的山丘就会像爱尔兰手鼓一样喧天作响。

平顶山的獾群既古老又独立于世，不像低地獾群那样四处交际应酬。在老家找不到伴侣，因失意出来游荡的野猪，很难偶遇獾群的堡垒。獾群的基因几个世纪以来都在原地循环，随着新生的獾一代代地传下去。我们在开挖现场找到了一块异常突出的下颌骨，能挖到头骨是因为獾通常在地下死去。它们的尸体会在隧道里形成一个新的弯曲形状，在家人的围绕中长眠，也就是说，奶奶的遗体会决定几代子孙居住的地理环境。

我作弊了。我曾经想过把一处废弃的獾巢挖大，但又没信心让警察相信我不是在挖獾，而且我也不是很想把一大堆结核杆菌配着威尔士中部的肥沃土壤一起吸入体内。再说，我妻子经合理推论后认为，我挖的任何洞穴最后都会坍塌，并且还会压到汤姆，到时候她肯定会让我吃不了兜着走。

杰西博挖土机无法挖出一条隧道，最多只能在山丘上刻出一条渠沟。不过效果倒是挺好的。我们用树枝和欧洲蕨盖住上方开口，再用土壤铺平，这下子我们的獾巢就大功告成了。伯特开着发出"突突"引擎声的挖土机出了山谷，买鱼肉饼和看《芝麻街》（*Sesame Street*）去了，留下了我们父子俩。我和汤姆躺在巢穴里蠕动着身体，尽量让自己入戏。

獾巢是充满回音的迷宫，形状颇像石头和树根附近成群蜷曲的蠕虫，但并非所有的獾巢都是一个样。最简单的獾巢是临时挖出来的避难所，只有一条通道。这种獾巢跟中世纪古堡的入口一样，一进门就必须立刻直角转弯，这可以有效阻止入侵者长驱直入。獾巢会在距离入口大约 1 米处转弯，再继续向前一小段路，最后是一个用于睡觉的钟形空间。我们的獾巢就是这种格局。我们用手和一把儿童海滩铲（很适合小空间工程）开挖，当然也试过靠后脚推动土壤，但是很难办到，因为獾巢太矮了。獾从侧面看上去是一个半圆形，它们的身体宽度大于高度。汤姆会用手把垫在地上的欧洲蕨往身后拨，动作跟獾一样，我就做不来。

我们不断地打喷嚏，程度之猛烈，与獾相去甚远。獾的鼻孔开口处似乎有某种括约肌，可以在挖土的时候把鼻孔关起来，避免尘土跑进去。人类没有这道防护，所以在干燥的 7 月呼吸到地道上方的空气时，那完全就是一场灾难。当獾用鼻子贴着地面，靠嗅觉探索世界时，救星括约肌就派不上用场了，否则气味根本进不了鼻孔。探索结束之后，它们会用力喷气，把尘土清出去。而我们在挖土的时候，就是不断在喷气和打喷嚏之间循环。汤姆擤了整整一个星期的硅土和鼻血。

我们在巢穴里戴了头灯。獾的视网膜中，感光视杆细胞（photoreceptive rods）比人类的要多，它们还有一层可以反射光照的反光色素层（tapetum），会将没被吸收的光线反射回视网膜，这就是为什么它们的眼睛被车头灯照到时会发亮。獾的大脑从世界接收的光线量也比人类的要多很多。世界以同样的面貌呈现在我们和獾面前，只是獾能利用的成分更多。我们的漆黑巢穴到了正中午会透进一丝光亮，而这对獾来说恐怕已经太炫目、刺眼了。

梦境

挖掘是一项大工程，但总算是完工了。我们往下爬到河边，在一个水池边舔水，水蛭就在我们嘴边扭动着。喝完水，我们又爬回巢穴，跟所有的獾一样头脚相对，并排睡觉，这种睡姿最节省空间。汤姆总是会不断变换睡姿，他说："脸一直对着脚不是很舒服。"

我做梦了。那种藏在意识表面底下、炫丽、挑衅的梦，是一种在热带常会做的梦，梦里所有绿色和金色的东西都跟着天花板上吊扇的旋转节奏舞动着。

只不过现实中那股节奏来自汤姆跳动的心脏，旋律则是山丘的低吟声和小河清脆的流淌声。

我一直都认为獾有意识，其中一个理由是我看过它们睡觉时的模样，它们的脑袋一直转个不停。它们会滑动脚掌、尖鸣和嗥叫，脸上露出喜怒哀乐各种表情。仿佛在它们的脑海中正在上演一则故事，而主角除了獾自己还会有谁呢？**平常被压抑、否定、践踏的自我，只有在神秘的梦境国度才能骄傲地昂首阔步，畅所欲言。**做梦的獾显然是在消化白天或晚上发生的事，为了取得进化优势，它们不断在梦里分析所采集的新数据，并思考如何应对未来的挑战。以上公式化的枯燥说明并没有抹灭獾的自我存在，反而更进一步证明獾拥有自我意识。因为这种带有进化色彩的思考就是为了自我而产生的。

我常常觉得睡觉就像是计算机在整理程序。程序会自动把四处分散的废弃档案整理归档，放进柜子，方便日后查阅。当我进行自我催眠时，眼皮会像是在睡眠的快速眼动期一样跳动，与重组程序时小红灯闪烁的情况相同。我确实可以感受到大脑正在重组，但是这个比喻还不够完整。计算机重组不需要故事。睡着的獾却会在梦里说故事，而故事需要的正是主体自我。

BEING
A
BEAST

没有意识的动物做梦还有什么意义？睡觉又有什么意义？失去"意识"又代表了什么？还有什么能陪着动物进入虚无以外的世界？如果獾不具有像人类一样的意识，那它们在睡梦中的一颦一笑，可以说都比意识本身还要不可思议。我宁愿相信比较合理的解释。

我和汤姆在不同时段逐渐醒来，或者说我们清醒的时间越来越均等，毕竟身处大自然无法完全进入无意识状态，周遭有太多事在发生。我们会被"嘎嘎"叫的松鸦唤醒，又会被"隆隆"的引擎声吵得更加清醒。原来是伯特带着烤鱼派来拜访我们了。伯特说："给你们带食物是作弊，我知道，但我不会说出去。"其实这一点也不算作弊。獾是非常懂得投机取巧的杂食动物，碰到送上门的烤鱼派没理由不吃。伯特接着说："不过呢，为了公平起见，待会儿我会放狗咬你们。我们会沿路追赶，我还会试着开挖土机碾过你们。"

伯特真是搞笑，但他也点出了严肃的事实。我认为獾的生活充满了树林的颜色，我希望自己眼里也能倒映出那片树林。但是除此之外，暗色系的恐惧也潜伏在獾的生活之中。獾在穿过蕨类的途中，当嗅到人类浓浓的恶臭味时，它们会倏地停下脚步，你会看到恐惧的颜色（我看到的是浅浅的电光蓝）弥漫在它们竖起的背毛边缘，又或者当它们听到有狗在靠近时，恐惧的颜色就会弥漫在它们绷紧的双耳尖端。

狼被杀光之后，人类就成了獾最大的威胁。如果獾真的会做梦，那么我们肯定是它们内心深处的梦魇，除非它们在梦乡里可以倒转时光，回到还会被狼逼到栎树边，发出反抗怒嗥的时代。**野生动物的大脑还留着远古时代的记忆。**即使狮子早在一千年前就已无法构成威胁，但现在的赤鹿如果闻到狮子的粪便，它们仍会陷入疯狂的恐慌。事实上，我怀疑獾还会梦到狼。獾的生活方式已经大幅调整成没有狼的模式，它们的心智应该也会随着行为改变才是。英国的獾喜欢热热闹闹地群聚生活，但是在有狼出没的地方（比如东欧较荒凉的区域），獾却不可能有如此的闲情逸致。

东欧没有排水良好的山丘，没有从祖先时代流传下来的宽敞"圣殿"，那里的獾只能住在更狭小、更幽深，没什么嬉戏乐趣的空间。如果外头有狼，那么獾的移动路线就会更加谨慎小心。它们不能四处任意觅食，所以同样大小的区域，东欧的獾会比英国的少。当然，宽敞的獾巢也会引来带着斗牛犬前来捣乱的"神经病"。但是"神经病"的猎捕能力要比狼低，他们也不喜欢去离公路太远的树林深处。威尔士对獾而言或许是个恶劣的居所，但比起白俄罗斯，住在这里绝对要快乐得多。

情绪的颜色

如果动物会因躲避不同的天敌而改变重大的社群结构，那梦境想必也会跟着改变吧。獾的梦境肯定会用颜色反映出对树林的情感，我想有狼的树林应该是红色和黑色的。

专业的生物学家不喜欢讨论动物的情绪。一有人提到这个话题，他们就会张嘴露出咬文嚼字的学术舌头，集体倒抽一口气，一个个挑起眉毛，表演球赛观众爱看的波浪舞，最后再互相交换同情的眼色，确认这愚昧的家伙不是他们中的一分子。谈论动物的认知无妨，因为他们已经用主流行为学家提出的单一专制比喻，框限住了对动物认知的讨论方式，而那个比喻就是"计算机"。但如果你把动物当成执行软件的硬件，或是直接视为软件来讨论，那么最后只会换来对方的笑而不语。我们可以大谈动物的福利指数，指出不快乐（哎，抱歉，应该说压力大）的牛群体内的皮质类固醇会上升。但是要谈情绪，门都没有。

有一位生物学家独排众议。他是一位优秀的自然主义者，一位具有同理心但从不感情用事的观察家，且并未受到达尔文式简化论的浸淫。他的名字就叫查理·达尔文，他还写了一本几乎没有人看过的精彩大作《人与动物的情感表达》（*The Expression of the Emotions in Man and Animals*），其中在以下这段，达尔文的态度很强硬：

> 查尔斯·贝尔医生很明显想在人类与低等生物之间划清界限，因此他主张："低等生物不懂得表达，用比较简单的话来说就是，它们只会顺着天性或根据意识行动。"贝尔医生还说动物的脸"似乎主要

是为了表达愤怒和恐惧"。但是，连狗都能轻易通过下垂的耳朵、放松的嘴唇、跳上跳下的身体、摇曳的尾巴等外在迹象表达对主人的爱意，贝尔医生却否认动物能通晓爱与人性。所谓"顺着天性或根据意识行动"根本无法解释这只狗的动作，它的这种行为真的跟人类与老朋友相见时，那透着光芒的眼神和上扬的嘴角一样。如果有人问贝尔医生该如何解释狗表达爱意的行为，那么他肯定会说这是动物具备的特殊天性，以便能与人类共处。仿佛想用一句话就把后续的问题全都打发掉。

达尔文将这段话写在了《人与动物的情感表达》的开头。他不认为动物情绪的深入研究是可以轻易打发的问题。所以说亲自前往充满噪叫、痛楚和喜悦的真实世界去研究动物的人，与关在研究室里死盯着图表的人的思考方式就是不一样。

主张动物有情绪并不是将动物拟人化。动物和人类的情绪可以被拿来比较，但不代表两者拥有相同的情绪。恐惧的情绪尤是如此。即使同为人类，我恐惧的颜色就和其他人的不一样。獾的恐惧是明亮刺眼、令人难忘的蓝色，但那不是它们的世界的主要颜色，那种蓝色会在它们的颤抖、欲望和饥饿边缘，形成一条明暗交界。就像我的颤抖、欲望和饥饿边缘，也闪烁着对自己最终毁灭的灰色恐惧一样。

獾会害怕自己死亡吗？看看它们面对猎犬时恐惧扭曲的脸庞就知道了，它们当然不想死。但它们拼命想延续的是什么？难不成獾的基因会跟獾来一场振振有词的神奇对话？基因说："你是我们的宿主，如果你死了，我们就全完了。所以请你为了我们拿出你的最佳表现，行吗？"然后獾回答："好吧，你们说了算。"其实许多生物学家都心照不宣地默认了这种对话。

我自己比较喜欢简单且没那么流行的版本。这个版本认定獾具有真正的自我意识，可以感受到真正的快乐，并且认为快乐比痛苦更重要。獾是哲学家，它们对"美好生活"有自己的概念，这个概念假定有一个自我可以过着美好的生活。这个自我不想失去用鼻子爱抚幼兽、闻野生大蒜或用舌头品尝蠕虫所带来的神经快感。你也可以主张这是强健下颚的表现型基因，为了奖励獾把这种基因传下来而给予的酬劳。因为你的主张并没有抹灭獾的自我，也不否定这个自我确实过着美好的生活。

打破"人类中心"的幻象

我把烤鱼派放到塑料盒里，浸入河流内冷藏。用盒子保鲜食物似乎不像獾会做的事，不过话说回来，虽然獾是十足的食腐动物，但它们好像还是比较喜欢吃"新鲜"的腐肉。尽管更腐败的肉会长出蛆，而獾吃到蛆大概会像小孩子吃到洒在布丁上的巧克力豆一样开心。

我怀疑獾选择吃"新鲜"的腐肉是因为这样比较不容易感染疾病。獾的免疫系统从小就开始接受严酷的训练，因此它们不会一天到晚都对着蕨类呕吐。所有设想周到的人类父母都应该打一杯蠕虫牛奶给孩子喝，不论气喘或湿疹全都可以药到病除，以后吃到怪味咖喱也不会作呕。不过獾跟很多动物以及某些人类一样，可以在必要的时候轻松呕吐，吐完也不会感到虚弱难受。我也想要这种能力。

把派放好之后，我和汤姆沿着河岸蹒跚而行，然后在欧洲蕨中间挖了一个小窝，躺在上面。欧洲蕨茎在我们上方耸立，看起来像支撑着颓败大教堂的凹状石柱。绿色的光芒如海藻般略过汤姆的脸庞和脖颈，一步步将他分解。这时候，一只煞风景的羊虱蝇迅速地钻进了汤姆的上衣。羊虱蝇总是一刻不得闲。

我把汤姆的上衣掀起来，想看看这只羊虱蝇会选择从哪里下手。它们通常会去我的鼠蹊或腋下，这很合理；但它们也会跑到小孩子身体的显眼处，这就不太合理了。或许孩子身体的神经分布比较疏散，所以被咬后也不太容易察觉，但是身体又不像腋下有活动关节，或像鼠蹊有摆动的阴囊不太可能出现伤口。这只羊虱蝇本来可以守在潮湿的腋窝处，但最后它却定在了一根肋骨的上方。我立刻就用指甲把它碾碎了。

很多獾身上都有壁虱，通常是刺猬壁虱、牛壁虱和羊虱蝇，但是有壁虱的概率并没有一般人想得那么高，因为獾的皮肤如皮革般坚硬，这对壁虱来说是一大挑战。獾身上的壁虱比较集中分布在肛门和会阴等皮肤较薄的地方，不像狗的壁虱往往长在头部、颈部、腹部和大腿内侧皮肤细嫩的地方。

大白天躺在巢穴外并不违反獾的天性，但它们确实很少这么做。有时候獾跟人一样，会在植被浓密的地方躺着，直到天色转暗才准备出发打猎。我不清楚獾为什么不待在巢穴内，或许是家里的气氛有点僵，它们不想跟某只惹人厌、坏脾气又可恶的獾多相处一秒钟；也有可能已是黎明之际，它们离家还有一大段距离，不想在回家途中遇到可怕的清晨遛狗人士。这是獾的青春期叛逆表现，就像处在这一时期的青少年常常深夜还在外游荡一样。

不过我想，待在巢外的獾也无法恣意行事。虽然獾巢外头也有威胁，但至少獾可以一起面对，发挥古老熟练的战术。落单、陌生和阳光对獾来说是"邪恶铁三角"。獾打心底里喜爱交际，不喜欢新奇的事物，并且长年待在阴影处。它们一晒到太阳就会动弹不得，好像所有的感官都被迫关闭了似的。如果你在大白天遇到这种状态的獾，就算直直朝它走去，它也不会逃跑。獾只有两种模式：开机和关机。它们每日都住在无人地带，生存条件十分严苛，因此在这个群体中，丝毫容不下粗心大意的半吊子。

汤姆爱犯困，于是他在欧洲蕨上缩成一团，因挖洞而粘满土壤的手在脸侧重叠，不顾任何威胁地睡着了。我也很想睡觉，但我没睡。我和那些照到太阳的獾一样，目光涣散，像一个肉做成的躯壳里被闲置的软件。

我们常在树林里睡觉。我们必须把生物钟调成跟獾的一样，在白天睡觉，但一开始我便发觉巢穴散发着不祥之兆，令人无法安心入睡。这是不是担心被活埋的古老恐惧？若真是如此，这种恐惧还真奇特。活埋并不是常见的行刑手段，更何况人类祖先还在遮风避雨的洞穴住了数千年。

我们会把掩埋和死亡联系在一起，但大多数人怕的不是死亡本身，而是死亡的过程。肉体被物理降解的概念其实并不可怕，虽然人类是很保守的动物，被大自然消化吸收的这种新奇概念需要调整心理才能接受，但肉体死亡并非是一种扭曲灵魂的吓人想法。应该说我们害怕的是失去由这双长腿带来的广阔视野，害怕无法再做个能望穿地平线、拥有无限选择的生物。**生存的意义就是可以见吾所见、行吾所往、选吾所择。**就算是我在德比郡（Derbyshire）某处，从狭窄的岩石隧道奋力挤压身体而触发的幽闭恐惧症，其实也不过是由于选择受到局限而产生的不快乐的感觉罢了。

我们巢穴的土壁如子宫般不断蜿蜒蠕动，却不比子宫来得舒适。土壤不断扭曲、摸索、挣扎、萌芽和突进。一只虫掉进我的嘴里。如果是獾，应该会欣然吞下，如同坐卧在沙发里的帕夏（Pasha）[1] 一口吞下仆从送上的葡萄一样，只不过这只虫八成是吃了埋在土里的獾奶奶长大的。我默默作呕之后，将脸埋进铺在地上的欧洲蕨里继续睡觉。

---

[1] 埃及前共和时期地位最高的官衔，相当于英国的"勋爵"。

——译者注

你并非世界的中心

待在地下的前几个白昼教会了我很多事情。我明白即使装成一副邋遢杂乱的模样，自己仍旧是一个软弱无能的郊区人。我喜欢雪白的墙壁胜过变化无穷的迷人土墙；我宁愿看着排列整齐的花朵图案的壁纸，也不想要真正的野花。说实话，真正令我烦恼的原因是，我喜欢美丽矫揉的制品远胜于实体。我喜欢脑海中想象的獾和大自然，不喜欢它们真实的模样。想象中的它们要求没有这么严苛，它们更听话、更单纯，不像现在这样扯开嗓门，高声散播着我的不足之处。

这些都是一种顽疾的症状，我以为自己可以免疫，结果我也患上了名为"殖民主义"的恶疾，它又被叫作"人类中心"主义。《圣经》里写道："使他们管理海里的鱼、空中的鸟、地上的牲畜，和全地，并地上所爬的一切昆虫。"我们一直断章取义地解读着这句话，为我们造成的一系列灾难找借口。在全球牛群灭绝的地方、在靠各种农药化肥种满小黄瓜的尘暴干旱区、在"托里峡谷号"（Torrey Canyon）[1] 油轮上、在工厂化农场里、在倒退的冰河边缘，以及其他"赏心悦目"的景点，停下脚步吃一顿野餐然后遍览"风景"吧。别忘了顺道观赏把狩猎当成运动的当地人，反正他们也不是依照完美的形象被创造的，对吧？

我曾道貌岸然地认为自己是一位绑着头巾的斗士，坚决反对以上提到的那些邪恶的行径。但如今，我却自暴自弃地躺在巢穴里，满脑子充斥着理应唾弃的想法。我以为自己比荒野更厉害、更高端、更进步，我把自己视为了进化的巅峰。

---

[1]1967 年 3 月，利比里亚油轮"托里峡谷号"于英国西北方海岸附近航行时因判断错误而造成触礁事件，引起重大海上油污染。

——译者注

我还明白了其他事情。首先，所有人或多或少其实都知道自己的自负有多荒谬，也知道其实有比"人类中心主义"更理想的处理方式。例如，找一位打扮阔气的银行家，最好是来自德国斯图加特或瑞士苏黎世的银行，把他丢到森林里，并在他完美无瑕的手掌上放一颗漂亮、干燥的水獭粪便，或一把狐狸粪便，并向他解释这是什么。这时，银行家会仔细审视手上的粪便，并且还会恭敬地闻一闻。如果此时把水獭粪便换成宠物狗的粪便，那么银行家肯定会立刻把狗屎丢到地上，转身吐出刚吃下去的价格高昂的午餐。由此可知，他还没到无药可救的地步，至少还愿意承认野性的高贵，并保留内心高贵的野性。他那原始的对驯养的厌恶之情被狗屎引了出来。

其次，我还明白，**恐惧、喜好和视野有可能会发生真实而恒久的改变，并且改变正是按照这个顺序发生的。**我会逐渐喜欢上巢穴。习惯的力量大得惊人，几乎到了万能的地步。光是按时进入巢穴，把欧洲蕨睡到压出我身体的形状，就足以让我喜欢上地底的生活。慢慢地，我从喜欢的基础开始进阶到更高等级的欣赏：我喜欢隧道尽头阳光洒在地上的形状；喜欢伴随着爬行而闻到一系列茂盛植物的气味；喜欢从沾满尘埃的欧洲蕨爬到一片稻草上，穿过土壤和腐叶的通道，最后因为爬得太吃力而大口喘气，吸进接骨木、栎树，常常还有焚木的气味（汤姆喜欢点燃干燥的树枝）。

因为喜欢的事物不太会引起恐惧，所以先祖遗传下来的令人晕眩的恐慌逐渐消散了。我不会因为没靠后脚（包括真实和比喻的后脚）站立而换气过度，我可以勇敢地扫视远方，纵观情势，拟订计划。我可以自在地躺在一片黑暗之中，被那些伸出爪子抓扒、发出"嗡嗡"声、猛烈摆动的动物团团包围，即使知道它们要把我吃掉也无所谓。我迈出了一小步，接受了自己会被吃掉消化的结果，也接受了未来会被消化或是即将被消化的事实。虽然只是一小步，但也足够了。

迈出那一小步之后，我终于称得上是生态学家了。了解自己的定位，并且摒弃所有生态殖民主义的想法，唯有走完这条令人疲惫苦恼的形而上学之路，才能真正开始变身成獾。

变身成獾，有很大一部分是指身体力行地体验獾在树林里的生活。下雨的时候不回室内避雨、形成獾的生物钟、住在拥挤的地下巢穴（世界已经不在你那双至高无上的脚底下了，现在整座世界都在你的头顶，并会不时地挤压你的双腿、掉进你的耳朵）、让以前扫过靴子的风铃草刮着自己的脸。但是，人类和獾的世界仍有几道高耸的生理墙挡在中间，其中最难跨越的就是嗅觉。

换一种方式处理信息

我的地形景观概念主要建立在视觉之上。我有一双大眼睛，视觉处理区占了大脑的一大部分。我大脑建构的世界有相当高的比例是由视觉元素组成的，而且我的认知处理程序还会替这些视觉元素增添一些重要的素材，所以当我说"我看到了一座山丘"时，那座山丘绝对与其他人描述的山丘很不一样。我会透过层层"高级"的滤镜，包括误区、假设、回忆、交叉比对、影射来"看见"那座山丘。有一些方法可以去掉这些滤镜，其中许多都来自东方智慧，这几年我都是靠这些方法去掉大脑的滤镜的。要学会真正看见一朵花很难，但并非不可能。纵使达到那个境界，我们仍然是用视觉去看世界的。

獾的地形景观概念则主要建立在嗅觉上，它们的世界是靠气味"一砖一瓦"打造而成的。獾凭着气味划出物理界线，用排便标记地盘。每一只獾的排泄物的气味都是独一无二的。一直以来，我们都是细菌的基底，细菌会对每个人造成或大或小的影响（大家都曾跟某个没洗澡、没除臭的少男/少女在闷热的空间共处过吧）。獾也是一样，每只獾都有其专属的特征气味，那种气味是由尾巴腺体含有的麝香味分泌物和细菌加工而成的。

四周的景观不是獾关注的唯一重点。獾的鼻子不仅可以探勘周遭环境，它也是獾了解形体、颜色和个性的管道。对视力不佳的獾而言，酢浆草的气味就是酢浆草；大热天高耸的鹅耳枥的形状是螺旋状的气味漩涡，天气寒冷的时候，鹅耳枥就会变成低低隆起、气味浓烈的地衣，中间矗立着独特的柱状体；一只死去的刺猬先是刺猬的形状，接着会化成生肉的形状、内脏的形状、甜点的形状、凉拌猪肉的形状，最后才是甲虫的形状。

要进入獾的嗅觉世界，应该先从联觉者，也就是看得见每个字母的颜色，或是能将颜色和气味、数字和气味联想在一起的人的自传式反思入手。奇怪的是，这些文学，包括由纳博科夫（Vladimir Nabokov）[1]费尽心思写的有关联觉的作品，一点也不带有诗意美感，也没有任何反思意味。仿佛拥有了从多重维度理解世界的天赋后，就会丧失描述能力似的。抑或是，联觉者的世界已经超越了文字所能到达的境界，这对本书以及其他任何试图探索极端差异性的尝试来说，都是个不祥之兆。目前做出最大胆，也是最成功的艺术尝试的人是奥利维耶·梅西昂（Olivier Messiaen）[2]，他创造出的全新音乐模式，让听众体验了活在重叠感官区是什么感觉。

与獾相比，人类简直是嗅觉"盲"。我们甚至无法画出气味景观的轮廓，只能勉强绘出边缘模糊的形状。想象你走在街上，眼前所见不是来往行人的身躯和脸庞，而是摇晃的格子呢地毯，那就是我们的气味景观。

其实我对此并没有失望。我认为人类是可塑性很强的生物，比如盲人可以

---

[1] 俄裔美国作家，代表作为《洛丽塔》。

——译者注

[2] 法国著名作曲家，曾表示自己只要一听到和声，脑海中就会出现色彩。他的著名钢琴作品之一《鸟鸣集》（*Catalogue d'Oiseaux*）便是以钢琴演绎 77 种鸟类的鸣声。

——译者注

学会回声定位，即使技不如蝙蝠，但也足够避免他们走到一半就撞墙。盲人拿着导盲杖"咔咔咔"地走路，就是要获得从障碍物反弹回来、进入大脑的回音。大脑会将这些信息搜集起来，大致拼凑出前方的样貌。

我费尽千辛万苦，想把自己变成更依赖嗅觉的生物。我加入了蒙眼品酒的社团，跟着同伴一起惊叹，一起发挥想象力去形容杯中的酒味。我在家里的每个房间都点上了不同品牌的熏香，想要替每个房间的视觉印象增添一些嗅觉记忆，并努力感受气流在家里上升下沉的方式。我闭着眼睛闻孩子们的衣物。我甚至在房间的每个角落放了不同种类的干酪，还把所有的家具都移了位。我蒙上眼睛，转了好几圈使自己失去方向感，好让干酪的气味成为唯一可辨识方位的线索。当我跟熟悉的人打招呼并亲吻对方脸颊的时候，我会顺便深吸一口对方的气味。我每天都会闻不同种类叶子的气味，睡前再把叶子放到枕头底下。最重要的是，我会跑到户外躺下，鼻子朝上，试着探究从白昼到黑夜、春季到冬季，从地面到平常鼻子所在的水平高度的气味是如何转变的。

水会释放出气味。石灰岩地质的地区在下过一阵暴雨后，空气中会弥漫着一股死亡已久的虾的气味。经过雨水的洗礼，世界才能再次呼吸，这是植物学的老生常谈，也是感官体验到的客观事实。

清晨的夏日地面比其他时辰的更冰凉，上头凝结的水珠会带出地面真实的气味。干燥的地面就没什么气味。随着白天热度的上升，地面的气味也会随之升高，有时一下就会升到猎人最喜爱的"胸口的高度"。猎犬一闻到这股气味就会兴奋，并且常常还会因为闻得太多，而醉到发不声来。

这种纯粹的气味最高只会停留在猎犬的肩膀，或獾的头顶。等到日照将地面的气味抬升到这个高度时，空气就会开始旋转、翻滚、滑动，此时离地面60～90厘米以上的气味就不再属于脚下那块土地了。6月，到了早上7点，在外整晚辛勤捕捉蠕虫而露出破绽的獾，会占据整座山谷的树梢和水池草，睡一大觉。

冬季又是另一番风情了。因为冬季没有地面温差，所以气味无法轻松愉快地一路升到半空，只能跟其他懂得掘土的生物一起躲在土壤里避寒。而且即使在土壤里，气味也是停滞不前的。

当我们一路顶着 12 月的严寒回到巢穴时，寒气会把气味阻塞住，或许其实是我们鼻子堵塞的缘故。神经元在低温环境下的活跃度并不高。拉格啤酒的酿造者坚持拉格啤酒一定要喝冰的，他们挺聪明的，这样大家就不会发现这种啤酒原本就没味道的事实了。傍晚气温降低时，储存了一整天热量的地面，会比空气更温暖。地面上方的冷空气就像一条毯子，牢牢地将气味盖住。这对獾来说绝对是件好事，因为它们只对地面上方和地底下几厘米的东西有兴趣。这就是獾在日落之后才爬出巢穴的主要原因之一。

我进入气味世界的企图有一部分成功了，但是阻碍我继续进行下去的限制还是很明显。我可以学着更注意气味，而我确实也这么做了，在几个短暂的瞬间，我可以微微体会到用气味描绘的地形景观是什么模样。但是，这些只不过是我在实际感知之后，运用想象力的推测罢了，因为我能带给大脑的气味实在是太少了。

我无法再增加感官受体的数量和感知力，以达到接近獾的境界，我只能问自己："好吧，如果气味输入总量为 X 的结果是这样，那么 1 000X 的结果是什么？"

设想 1 000 倍气味的结果并且一一去理解，这是很困难的。如果我光是用尽脑内的形容词和比喻去形容枕头上的荠菜或树林中的山靛是什么气味，那么一点意义也没有。那些描述或许可以看出我的生活经历，但是却跟獾和树林毫不相干。

獾会用形容词吗？我设想獾是懂得描述这个世界的，所以它们必定会用形容词。獾的世界不可能只是一个由一大团名称组成的巨大且潮湿的名词。如果它们分辨得出细微差别，那么运用形容词就是必然的结果。

比喻又是另外一回事了，比喻需要运用更多的中央处理能力。獾的中央处理能力不差，但是比起制造比喻，为世上不能相比的事物建造桥梁，并且在生活中运用这些联结，那么它们宁愿把脑力拿去处理其他或许更有益的事情。如果想要采取跃进的策略，比喻是很好的工具，很适合拿来处理给獾带来痛苦的新奇事物。然而，獾的每日行程不外乎睡觉、走路、伸展、在巢穴的固定区域或地盘的边界处排泄、吃蠕虫、睡觉，日复一日。它们不会在此过程中多说一句："大树仿佛母亲。"

重点是，我所有理解并形容气味世界的方式，都不能代表獾世界的一分一毫。那全是人类的权宜之计，也是这本书无法反映真实情况的主要原因。但换个角度，这道限制的高墙说不定没那么糟。

因为獾跟大多数生物一样，不会对山靛本身特别感兴趣。山靛的气味会立刻被獾的大脑转换成完全不同的东西，例如："昨天我走到这里的时候，再往前走20步，然后稍微往右，会遇到一段老圆木。圆木底下有几只肥美的蠕虫，我昨天吃了几只，今天应该还有。"我无法知晓山靛的气味会立刻在獾的大脑里引起什么反应，但这重要吗？我已经可以大致推断出特定气味对獾的意义了。我无法改变我的感官（倒是可以改变大脑处理输入信息的方式），但我可以将外在刺激翻译成更贴近"獾语"的修辞主题句。

以"獾"之名获得新生

伯特把我和汤姆丢在山丘几天后，又带着西班牙腊肠和新消息，开着车"轰隆隆"地来了。伯特说了几个国家资产负债的数字，还告诉我们有一场暴风雨将至。数字丝毫提不起我的兴趣，这表示我进步了，不过我倒是很关心那场即将到来的暴风雨。伯特开着他的路虎车匆匆离去了，临走前他说："记住，你一定要全裸哦，连内裤也不准穿。"

我在第一章赞美过全身赤裸的美妙之处，以及弗雷泽·达令光着脚行走的精神。虽然我至今对此仍然赞许有加，但伯特这次说错了。獾的身上有一层柔软的细毛，外面还罩着一层厚重的粗毛。这两层毛发都能有效地隔绝空气。獾的身上每时每刻都是暖暖的，如果我不披上厚重的外衣，就无法感受獾的感官世界。我穿上了鼹鼠皮和粗呢大衣，以让自己更接近獾的世界。伯特离开没多久，我就在温暖大衣的保护下，在巢穴的深处睡着了。

我们在树林中才待了一阵子，就已经觉得树林是属于我们的了。现在我和汤姆小心翼翼地从巢穴探出头来，跟獾一样嗅着薄暮之际的空气，不是因为担心外头有危险，而是因为我们打心底里认为自己拥有这座树林。如果这份认定遭到了践踏，那么我们会感觉很危险。

现在我们都睡在地下了。我们每天都会爬出地面，并且尽可能随时接近地面。一开始，我认为在树林里用手掌和膝盖爬行既突兀又做作，但我发现如果不这么做，反而会使自己显得高傲自负。不只如此，我们逐渐意识到，如果不用"爬姿"，自己会错过非常多的细节。在树林用两只脚走路，就像手上明明有剧院前排最佳位置的票，却选择回家看电视一样愚蠢。

每次从巢穴出来，我们都会左顾右盼，这跟獾探索时摇头晃脑的动作一样，只不过我们的身体结构使我们的动作显得很笨拙，而且身上的长手长脚也常常会使我们感觉跟截了肢一样不便。我们穿越欧洲蕨、芦苇和表面不平滑的青草地。我必须使身高降低 120 厘米，倒退几百万年的光阴，才能进入鼩的世界。嗅觉和听觉是我在这里最有力的感官，但跟鼩的比起来还是一无是处，就好像我戴着超厚手套在触摸鼩的世界一样。尽管如此，从客观上来说，这个世界比我的有趣多了。120 厘米以下的天地比这之上的更加热闹生动。

鼩为什么会变成现在的模样？答案非常明显。视力在这里没什么用处，我最多只能看到几厘米以外的地方。头盖骨里面的空间可谓寸土寸金，要是都让给视觉处理能力，那就太愚蠢了。即使在昏暗的光线下，我的视力也要比鼩的强。我一抬头就能看见蝙蝠在栎树的茂密枝丫间穿梭，一只仓鸮在对面的矮墙上鬼鬼祟祟，还有林鸽唠唠叨叨正准备休憩。鼩的夜晚不包括这些场景。它们放弃高空的娱乐，换来阴暗、黏糊糊、潮湿又粗糙的乐趣。

要我低下头不看天空，就好像把舒伯特从巴黎国立高等音乐学院一股脑儿拉到点着烛光的小酒馆，还必须小心绕过一堆啤酒罐才能爬上床睡觉一样。如果要用一个词来形容鼩的体验，我会选"亲密接触"（intimate）。杂草和欧洲蕨不时扫过脸颊，开辟新道路的每一步都像是新生；草尖的露珠滴进眼睛；每样事物都从身旁滑过。滑行、跳动、追赶。**你不是在被动地吸收世界，而是在主动创造世界，创造出窸窣作响、朝四面八方弥漫开来的恐惧。**

鼩外出的目的是与食物相遇。它们必须在树林里觅食，所以也最适合栖息在树林。我们四处奔忙、嘟哝、前推、挤压地面。连我们也闻得到某些气味：田鼠的尿液在青草间留下的柑橘味；蛞蝓的移动痕迹留下的遥远海洋的咸味，那种气味很像冬季海边岩石之间的潮水潭；青蛙留下的揉碎了的月桂味；蟾蜍的尘土味；鼬的刺鼻麝香味；水獭更钝一点的麝香味；以及再迟钝的人也能闻得出的红色狐狸的气味。但我们最常闻到的还是被我们笨拙地称为泥土的东西的气味，这其中包含着叶子、粪便、屋舍、雨水和蛋等各种气味。我们通常会用单词指涉这些气味，偶尔会用短句。如果我们的鼻子和獾的一样灵敏，那么这些只言片语就会变成相互交织的复杂情节，并会不时穿插着各种可能和挫败。

头几个夜晚，每当我和汤姆进入树林东闻西闻的时候，我都觉得自己被困在了视觉至上的牢笼中。当我偶尔靠鼻子闻出森林的气味，猜出眼睛没看到的地方时，身为囚犯的恐慌、悔恨和苦恼的感受就会全面爆发。我设计过各种荒唐神秘的逃狱计划，但最终无一成功。感官的幽闭恐惧症从来没有减轻过。现在，我只祈求获得救赎，我最希望能实现的愿望之一，就是鼻子能得到救赎。

专注的美学

理解獾的听觉世界稍微不那么绝望。獾对高频率声音的感知能力比人类强得多，它们最高大约可以听见 60 000 赫兹的声音。听觉最灵敏的小孩顶多也只能听到高出 25 000 赫兹一些的声音，而许多 60 岁以上的人最多只能听见 8 000 赫兹的声音。獾听得到堤岸田鼠的"吱吱"声，人类不行，但"吱吱"声也挺容易想象的，我家就经常出现这种声音。而且，獾的"收听"范围不只微弱的"吱吱"声，獾会听到田野边缘传来的雉鸡的报晓声、屋舍里发电机马达的撞击声、树莺的鸟语、被铁丝网困住的绵羊发出的惊恐叫声，以及远方"轰隆隆"的雷声。獾的耳朵起码记住了以上这些声音，每次只要一听到，其大脑皮层处理听觉的部位就会产生电流。

獾耳鼓室压力的变化，使得獾能听见我们所谓的"声音"，但实际上獾究竟听见了什么呢？严格说来，我并不知晓，就像我不知道莫扎特的音乐在其他人听起来究竟如何。连我自己在对音乐有着不同的理解的状态下，听莫扎特的音乐都会有不同感受一样。**这不是生理构造的问题，而是生物个体之间的差异，只是我们用不恰当的生理学解释，把问题归咎到大脑的中央处理能力的本质不易理解。**

我们无从得知自己是否独立于世。我只是纯粹出于信念，主张我和孩子及亲友们能共享某些事物。同理，我也选择相信獾能听见雏鸡的叫声，而不只是注意到有声音存在。就我与孩子和亲友的情况而言，脑电波图、听觉诱发电位和功能性核磁共振扫描都可以为我的论点提供部分证据（不过就我所知，目前在这方面没有关于獾的研究资料）。这些证据十分有限，如果不足以说服他人，那也毫不意外。

我们倒是可以认定獾对发电机没什么兴趣。獾一下就能习惯声音，尤其是远方没有威胁的声音。发电机的撞击声势必会使獾的耳膜震动，这是永恒不变的物理现象。但是獾的大脑却能选择性忽略，这个易变的生物学现象真是有趣极了。

獾的大脑可以选择不用发电机的声音来构建它的世界，并且还可以把树莺的哀鸣放入"左耳进右耳出"的无意识地带。树林中每天都会响起树莺的叫声。如果叫声出现了变化，那么便暗示状况有异，能引起獾注意的也是不同于往常的变化，而不是鸟鸣本身。我无法理解鸟鸣变化有何涵意，我对整体状况也一知半解，所以我会比獾更在意周遭环境。换句话说，我的树林比起獾的树林更大，也更复杂。獾的心力几乎全都放在生存这档事上，而专注和美学几乎没有交集。我想獾的美学应该是以亲属关系为主，而且大多是不加修饰的感官体验。它们喜欢在大太阳底下和孩子们一起打滚，挠自己的肚皮。

这倒不是说獾无法打破自身的美学局限。假使我能拓展自己的感官造诣和理解能力，谁说獾就不行呢？音乐就是很明显的例子。希腊神话的畜牧之神吹奏的笛声就比他说的话还多。如果巴赫可以（他确实可以）将这座缤纷世界最基本的常规定式转化成音符，那在他进入威尔士森林后，岂不是能激发出更多灵感，写出更多打动人心的曲子？如果巴赫能撼动我的基因，那么与我如此相似的獾，它体内的基因是否也会为之一震呢？

我曾经试了几次，不过没有得到确切结论。不是喇叭被雨淋坏，就是打击乐声不够响亮，播放效果不佳。喜欢听古典乐的狗主人肯定会同意我的看法。《主人的声音》（His Master's Voice）画作里，那只歪头蹲在留声机前的杰克拉西尔梗，就算没有摸头和零食的诱惑，肯定也会爱上 B 小调的弥撒曲。纪录片《哭泣的骆驼》（The Story of the Weeping Camel）述说了蒙古一只骆驼妈妈原本不愿喂养亲生的小骆驼，后来一位琴师为它拉了一首蒙古古调，深深陶醉在乐声之中的骆驼妈妈，立刻开心了起来，这才愿意重新担起母亲的责任，让小骆驼吃奶。

乐声代表了世间万物运行的常理，这世界包括骆驼在内，都是和歌而行。 音乐就像去颤器，轻柔地触击世界，将世界拉回节奏的韵律上。流传千古的音乐、文学和任何伟大的事物之所以伟大，是因为它们全都由最基本的元素组成。因此，上至国王，下至百姓，甚至獾和树莺，都能欣赏其中的美妙之处。我之所以建议放 B 小调弥撒曲给獾听，就是因为这个道理，说不定它们真的会专心聆听。

獾不只能听到阈限更宽的声音，它们对听觉范围内声音的敏感度甚至更胜人类，能比人类听得更精准。一般认为，獾有可能和鸟类一样，听得见蠕虫在地面爬动时刺毛擦刮的声响。

如果动物连毛虫爬动的声音都听得见，你大概就能理解附近汽车发出的如海啸般讨厌的声浪在它们听来是什么样子的了。找一个静僻的户外角落坐一晚，别带手机出门，然后静悄悄地走到公路上，这时开过来的第一辆车对你来说简直跟坦克军团来袭没有两样。你不仅会感觉自己受到了侵犯，还会觉得这片土地也受到了侵犯。接着你或许会有点意外地意识到，既然产生了这种被侵犯的感觉，那就表示先前你和这片土地其实是团结一致的，只是你没发现而已。又或者，你受到了夜空所营造的浪漫氛围的影响，觉得自己和大地已经相互认定。你会讨厌那位司机，但其实你更同情他，同情他只能困在那块开着空调的金属框架中，听着广播里的陈词滥调。你知道他错过了什么，你拥有他无法体会的一切。你知道獾被引擎轰鸣声打扰的愤怒，知道它们脚下能感受到路面的震动，还有它们全身从头到尾、由里到外受到的欺侮、冒犯、入侵，以及被彻底控制的感觉全力轰炸的滋味。

獾的脚可以感受到低频的声响，幽暗树林远处的脚步震动都能传到它们的脚蹼上。只要感受到声响，獾就会静止不动，直到再次确定安全为止。如果是在树林里，只要再次听到蠕虫的擦刮声就没事了，它们就喜欢平常周遭环境中的声音。但是这时要是路上开来了一辆公交车，那可就不妙了，公路上可并不安全。

一场暴雨，去芜存菁

一团乌漆墨黑的大灾祸，挟带着新斯科舍半岛（Nova Scotia）最糟糕的态势朝我们席卷而来。它盘旋在斯诺登山（Snowdon）的上空并剧烈地震动，散落些许苦咸的大西洋碎屑，接着不断旋转，直到树林上方刺骨又清新的空气划开那一层闪电云。它持续往下翻滚，带着怒气和古老的气息，沿途卷入雨水细尘、飞羽小虫，像一台大型压捆机一样，把所有东西都包裹在一起，只不过它用的不是塑料包装，而是一层闪电云。我和汤姆压低了头，从后颈便能感觉到它正在逐步靠近。

太阳没入了浓密黯淡的天幕之后。空气里似乎弥漫着一种有条不紊的迫切感，谁都想在不寻常的日子到来之前，过几天正常的生活。对想锻炼嗅觉神经的学生来说，这也不失为临时抱佛脚的好时机。随着光线的消逝，我们发现自己正处在以触感和气味为主的私密地道中。外面的世界充斥着各种声响，但是当我们一边匍匐，一边嗅闻着爬进地道时，外界仿佛变得越来越遥远、越来越与我们不相关了。雨水打在叶片上发出爆裂的声响，头上的阵阵雨声就像枪炮齐发一般，模糊了背后的其他杂音。此时，已经听不见邻近田野的树莺啁啾，只剩我们头部周围半径约 15 厘米的一层光圈，光圈内只有"咝咝"细语和鲜明的气味。那阵齐发的枪炮将地面打得千疮百孔，气味从中不断溢出，强到连人类的鼻子都闻得出来。好像大地等不及了，一开口就连珠炮似的说了整个夏天的故事。

獾的鼻子可以分辨出树林这座舞台上每位演员的故事，而我们却只能闻到一团大杂烩，但这还是新奇得令人入迷。我知道一出戏少了演员就称不上表演，演员抽掉后并不是只剩下普通场景，而是会一无所有。"普通"是个抽象概念，我就是为了逃离普通才躲进这座树林的。但是我还是忍不住想，那股窜进鼻腔的气味就是夏天，而我能联想到夏天，总比没有联想来得好。

阵雨的"砰砰"声仿若军队行进时的鼓手敲打的阵阵鼓声。声音引出了成群结队的蠕虫。地面一敞开，蠕虫就迫不及待地从山丘上涌了出来，就好像鼻涕不断地从打喷嚏的孩子的鼻子中流出一样。这道被大雨逼出来的"蠕虫大餐"肯定会让獾左右为难，虽然树林一下成了充斥着蠕虫呻吟声的自助餐厅，但是饱餐一顿的前提是要忍受被雨水淋成落汤鸡。獾天生就喜爱舒适，没事就会彼此蜷成一团，挤在干燥山丘深处的欧洲蕨上昏昏欲睡。它们当然也可以一反常态，出外猎食，但这得花费一番工夫并下定决心。于是，蠕虫安然度过了那一夜。我们也跟着獾回到了山丘中的安乐窝。

我躺在"獾巢"的洞口，洞口垂下一帘水幕，让我想起小小的中式餐厅洗手间前挂的那一排串珠帘。外面几近全黑，至少我的视杆细胞检测不到光源，只能偶尔瞥见从夜空断层带窜出的闪电。幸亏每一滴雨珠就像视网膜一样，能有效吸收树林的光线，并将其反射至我的视网膜，深埋进我的脑袋，以及这座山丘之中。

我们的"獾巢"被三根交扣的树根捧在手心，两侧是山毛榉，上方则是栎树。树枝被风吹得弯了下腰，这里没有地上地下之分，举目望去只有一整片大地。我们睡在晃动的摇篮中，围绕在旁边的树根扭曲变形，像正在颠簸的船上的木材一样发出"嘎吱"声。一只森鼠逃出了它的淹水或崩塌的地道，急急忙忙跑进来，躲在汤姆弯起的膝盖里，缩成一团发抖。要是那只森鼠没有跑进来，那一晚我大概会无法入睡。看见森鼠后，我感到很安心，这只野生动物已经认可我们的"獾巢"是最安全的避难所了。我很快便进入了海上的梦乡，断断续续，睡了又醒，醒了又睡，全部睡眠时间加起来倒也和平时差不多。汤姆则跟身处暴风雨中的獾一样，睡得很安稳。

暴风雨不是带来破坏，而是去芜存菁。一些肆无忌惮、伸得太高的枝丫被暴风扭断，挫去了一身傲气；另一些不小心耗费了太多阳光和养分去萌发绿叶，而忘了顾及根本的树木，一放上风的秤就被发现不及格。河流被染成浑浊的棕色，一只乌鸦的尸体绕着水池转圈，仿佛它正在砾石上觅寻腐肉。除此之外，新斯科舍半岛的情况还不算太糟。

我们的"獾巢"毫发无损。一来是出于感激之情，二来是因为我们撑过了夏季最严重的暴风雨，一股全新的自豪感油然而生，于是隔天早上我们决定改良小窝。我们新辟了一个穴室，钉好架子，加强屋顶结构，还在入口造了一座威风凛凛的土拱门。完工之后，汤姆继续开心地玩泥土去了，我则沉沉地睡了一觉。

我原本以为这种日夜颠倒的作息很难适应，当然我知道生物钟可以慢慢调整，因为生物钟不过就是皮质醇的运作现象。但我以为调整作息的过程会很辛苦，我会因为见不到日光而烦躁，全身都会因夜行习性违反了人类本能而高声抗议。结果出乎我意料，虽然皮质醇大约花了 4 天才完全调整好我的生物钟，但是才过两天，我就心甘情愿地接受了日夜颠倒的作息。当然这也可能是因为我身为"游客"的好奇心太强烈了。

充斥着野外各种嘈杂声的第一夜，许多证据显示（不对，不能用视觉动词，还是该说"提示"？也不行，太笼统了。我们需要嗅觉版的"显示"，但是人类语言中没有这个词），许多证据显示（很平淡，但我想不出更好的字眼了），这座树林奇特得炫目，它简直就是一个令人迫不及待想要去探险的小宇宙。这里是无人之境，只拥有普通感觉神经的人类还没有踏进这一国度，他们想进也进不来。我对这座树林充满了向往。

改造普通的感觉神经

伯特背着沉重的背包蹒跚地走来。他把朋友和一只"幼兽"遗弃在树林里，任他们被史上最严重的暴风雨之一蹂躏。从伯特的神情来看，他似乎对此并不怎么在意，但他给我们带来了美味的千层面。

食物的问题令我担忧，我并不担心食物的来源，正因为如此，我才无法复制獾那种永远不知道下一餐在哪里的生活。我们已经尽可能重现獾的食性，吞下了生的和煮熟的蠕虫，吃任何山谷中勉强能吞下的残渣碎屑；我们也曾从路上抓过一只松鼠，并将它配着酢浆草和生大蒜吃。但是伯特也会定期送给我们礼物，我们自制力不足，也不想无礼地拒绝他。背包的底部装着沙丁鱼、鲔鱼和豆类，还有我们的罪恶感。

后来我读到的一些资料多少给了我一点安慰。大多数时候，獾并不是神经敏锐的猎人。饥饿是獾的一大死因，但通常这只发生在幼兽身上。选择蠕虫当主食是个好主意，蠕虫适应力很强，连旱灾都杀不死它们。英国大多数林地中蠕虫的数量都多得惊人。当表土化为灰尘，蠕虫钻进地下，獾也就开始掘土了。干燥的夜晚更漫长、忙碌，尽管干旱的天气会影响繁殖行为（这会逼得兽群骚乱不安），但很少有生物会真的因干旱而死。因此，我们大可以光明正大地吃掉那一盘千层面。

　　"你竟然觉得自己可以跟獾一样了解这座树林，真是太荒谬了，"一周过后，伯特如是说，"你的了解程度甚至还不如我，而獾的了解程度至少跟我一样，也许还要再精通几倍。人类在这里定居不过500年，就算这样，你也永远赶不上我。比起只在这里待个几周，四处嗅闻爬行，还是我这种祖先早在500年前就已经在此地闲晃的人比较懂獾。"我听了很生气。我决定把一部分树林从伯特手中夺走，比如獾的那一部分。应该不难吧，我想。伯特只是一介人类，而我正朝着化身为獾的路上大步迈进。

　　开战的第一步是摸清自己的方位，我需要地图，还要设想各种可能和不可能的情境。第二步就简单多了，伯特抽了好几年雪茄，嗅觉早就迟钝不堪了，大脑的思考能力也被几个世纪的务农给拉低了。而我们则利用干酪进行严苛的嗅觉训练，平时还把鼻子维持在獾的高度。再说，我们心怀谦虚，谦虚得不得了。有了嗅觉和智慧，我们对树林的了解程度绝对可以迅速超越这个只知道靠祖先庇佑的家伙。

　　总之，经过几周蠕动刨土、窸窸窣窣的日子，我们绘制了树林地图。这是一份气味地图，其轮廓跟实体地图非常不同。当你走进一座小镇，你会看到红砖砌成的墙，墙间穿了几个孔洞，抬头则是倾斜的砖瓦和穿插其中的管线。这幅视觉影像经过大脑处理之后，可以使你认定这是一间"房子"。接着，你进一步观察了那几个孔洞，或是砖瓦倾斜的角度，来判断这是哪种类型的房屋。一堆砖瓦构造在几毫秒内，通过你的眼睛就能转化成某种柏拉图式的抽象名词。再过一会儿，鼻子才开始跟着生成抽象概念，但嗅觉能联想到的概念，也是平常在处理视觉信息的过程中，深深内化进大脑的比喻。

欧洲蕨在我们周围筑起了巨大显眼的"街区"。每次一闻到欧洲蕨，我就像看到了一排雄伟但灰扑扑的新建住宅区。欧洲蕨的气味既强烈又单调，无法令人满足。嗅觉比较敏锐的生物还能闻到欧洲蕨根部附近稀疏植被的气味，就连我们也开始渐渐看出那排"住宅区"每栋房子的门窗、屋瓦角度和门框的装饰有何差异了。

世上每一株栎树都是独一无二的，就连栎树的小树也长得各不相同。我曾在东非平原见过一种毫无章法的房屋，建造者用青草、镜子、冲浪板和多本《林奈学会会报》当建材，拿象粪当水泥，刻意盖得摇摇欲坠，还用骨头、尿布和钉上古罗马诗人卡图卢斯（Catullus）诗篇的软木塞板作点缀。

我们以为长在一起的树木气味也会很相似，至少比远方的树木更相近。但是事实并非如此，至少不是百分百如此。我们已经可以闭着眼睛光靠气味记住"獾巢"附近的地标了："地道一出来右转，爬 13 米，生烟草，大部分是土耳其品种；继续爬，半分钟后就会遇到石灰岩和不宜农耕的土壤，左边全是柑橘擦在皮革上的气味，右边则是加了太多帕玛森干酪的野菇炖饭味。慢慢爬下山坡，褪下的马鞍还飘着放在架上时的牛脚油味，继续往下才是蜘蛛网和大蒜酱的气味。"

每一棵桦树也是独一无二的，只是区别没那么明显，大概就像艺术工艺改良运动（Arts and Crafts）¹时在英国东南部的萨塞克斯当斯（Sussex Downs）建造的房舍一样。我们分辨不出山毛榉（布朗普顿路旁的公寓街区）、接骨木（黄色砖头、塑料窗框和停着公司车的红色柏油车道）或赤杨（布拉德福德市的排屋）的差别。对此，伯特说："老天，我以前还挺喜欢比喻的，现在都被你毁了。"

这些气味街区的规模越庞大，就越能凶猛地战胜其他气味，霸占整座山谷。栎树毫无胜算，它们连一个街区都称不上；盛夏之际，欧洲蕨通常会占上风。等到秋天我们再度造访时，山毛榉便成了林地霸主，直到降下第一场霜，宝座才让给了接骨木。

这些分法其实很粗略，而且树林中还藏着许多例外。我们像被关在一个翻腾摇晃的瓶子里，有时候某棵特定的树会突然进出气味，这种气味沿着奇怪的路径飘落，先碰到遥远的地面，然后才重新回到树木自己的庇荫下。树木的边缘几乎没什么气味，尤其是树篱，至少会令追踪气味的狩猎者因此而陷入无望的困惑。这个无气味地带是一条相对安全的长廊，战战兢兢、柔软鲜嫩的猎物可以沿着长廊爬行，躲过利齿上方黑压压鼻子的追捕。

树林也有潮汐起伏，跟海边的浪花一样强劲、有规律。清晨旭日东升，空气会挟带着气味从山丘的一侧升起。接骨木就像柏南森林（Birnam Wood）²一样移动，穿过矗立的山毛榉和欧洲蕨。到了正午，嘴唇就能尝到它们的味道。接骨木的气味会一直逗留，直到夜幕低垂才退回河边，凌晨3点完全消散。

---

¹ 始于 1861 年的英国艺术工艺改良运动，主张手工艺必须与艺术结合，并提倡哥特式风格。

——译者注

² 典故出自莎士比亚的《麦克白》(Macbeth)："除非柏南森林移动到当希南山来对抗麦克白，否则麦克白永远不败。"

——译者注

精进嗅觉本能

我们的气味地图算是有点进展。但是几周之后，我却在树林里趴着，心生绝望。我改变不了这个视觉构成的世界，我还是得靠形状和色彩来架构画面，接着才会借助气味和声音。有时候，气味能唤起我强烈的记忆，把我从原地拎起，再用重力加速度甩回过去的场景，视觉记忆就没有这种魔力。

BEING A BEAST　气味深埋在脑干最古老的部位，急躁地提醒我嗅觉才是主导鱼类和蜥蜴祖先的至高无上的感官。有时候，记忆会最先冒出声音，但是气味和声音永远都只是视觉的辅助，影像才是把世界从魔术帽里拉出来的伟大魔术师。

光靠房间的干酪和线香这些小伎俩改变不了这个事实。主要问题不是我的鼻子不够敏锐，而是我的气味记忆库太贫乏。獾和我的世界不仅不平行，而且还以某种几何学也无法连贯叙述的角度并列着，所以我只能勉强满足于这些无法连贯的描述。

欧内斯特·尼尔（Ernest Neal）的经典作品《獾》（*The Badger*）有两个例子。第一个例子：

> 某天上午 11 点，有个人把手掌按在獾行经的路径上，持续按了一分钟。到了晚上 10 点，一只公獾沿着路径走了过来，走到手掌位置时它突然停下来，嗅了嗅，然后绕过手掌的位置继续前进。另一只经过的母獾则是当即停下脚步，立刻带着幼兽返回巢穴。

如果用我在树林学到的新语言重新讲述一次，那么情况便会是这样的：

在獾平常行经的路径上，有些气味分子附着在枯叶叶脉和被压扁的粪便上，那些粪便是很久以前就死掉的蠕虫留下来的。这些气味分子筑成了一道高墙。公獾知道高墙的确切范围，它可以沿着边缘绕行，避开高墙继续往前。而母獾的母性却激发了它保守恐惧的一面，那座墙又高又长，墙后的世界更是无法预测。

第二个例子：

另一条獾的行经路线会穿过一片草原，即使那片草原经过了开垦和播种玉米，獾也仍然会选择沿着老路线穿过玉米田，完全不会绕道。

我的版本：

第二条路径被两道高大但透明、可穿过的高墙包夹。两道高墙各有实体和心灵上的界线范围。就实体而言，高墙的气味分子深埋在地底下，但是它们同时也会翻滚着高高升起，在玉米上空形成实际场域，并在獾的大脑中划出一长排气味墙。獾的路径交织在高耸的障碍之间，即使这些障碍物早已不复存在，獾也会始终记得。

8岁小孩的鼻子适应力很强，可以很快拾回嗅觉本能。第一周过后，我们在观察瓢虫把蚜虫压碎时，汤姆说："我闻到了老鼠的气味。"从此汤姆便开辟了一条新路径，用蛙式"游"过草坪，放"鼻"吃草。

汤姆说得没错，他可以靠粪便、细碎根茎和尿液的气味找出土堤鼹鼠的行进路线。但是汤姆狩猎的方式更有趣，他嗅闻的速度很快，一秒可以闻好几下。我后来发现，仰赖嗅觉的哺乳类动物就是这样闻气味的，这被称为"气味采样"，可以增加鼻腔上皮吸进的空气，而一般的呼吸速度会直接把空气送进肺部。我试过了，这样做效果非凡。所以现在品酒的时候，我都会发出跟以往不同、比较没教养的噪音。

如果你很讲究，不愿离开进化树的最高分枝，那么在神经系统走回头路也没什么意义（人类的语言表达真是贫瘠，而且只能局限于线性表述）。幸好汤姆还保有一点克制力。汤姆愿意舔蛞蝓（"那只黑色的大蛞蝓比较苦，体形越大就越苦，我比较喜欢咖啡色的蛞蝓，舔起来有坚果味"）、咀嚼蚱蜢（"吃起来像没有味道的虾子"）、被蜈蚣咬舌头、被蚂蚁入侵鼻子，他还能把蠕虫当意大利面吃（"大的蠕虫有长毛，我不喜欢"）。

汤姆不只鼻子适应力强，他整个人都正在一步步顺利地变成獾。汤姆的阿喀琉斯腱被拉长了，手腕和颈部也更紧致了，这有助于他在蕨类游乐园中四肢着地尽情嬉戏。汤姆发誓他能听见啄木鸟把舌头伸进树洞的声音。"我真的可以。想象一下指甲锉刀的声音。"我难以想象，我们日后该如何送汤姆去上学，让他忘掉这一切。当夜晚在树根基底凝结时，汤姆便会伸出手指去翻搅夜晚的凝块，他说那些凝块一直在旋转，粘在手上甩不掉。当汤姆躺在"巢穴"中或白天用的"沙发"上时，他的身体似乎能轻易地在石块上滚来滚去。我常被树林刺伤，而汤姆却能毫发无伤。

与环境彼此渗透

大多哺乳类动物会花很多时间睡觉。獾的睡眠时间也很长，于是我们也跟着狂睡，也就是比平时都要睡得多。进入獾的模式之后，疲累程度累积得很快。这是理所当然的，因为我们的专注力比以往高出好几倍。光是理解各种争相进出的声音就已经够累人的了。平常去乡间游憩的时候，视觉神经的工作量总会暴增。每走一步都是全新的景色，因此原有认知会不断地受到挑战。比如，左脚要踏下去的那排石块，那种排列方式简直前所未见；右脚要踏的石块又跟左边的截然不同，同样也是全然陌生的景象。更别提一阵阵的狂风了，它吹拂着树上新长出的那群叶子，吹动的方向无论从哪个角度来说都可谓是"前无古人，后无来者"。

人们平常司空见惯的那些景色其实一点也不正常，而且比起大自然来说无趣多了：那间房间那个角落的那些椅子；那幅挂在壁炉台上的画像，画的是僵住的一瞬间，至少比椅子好多了，它还能使视网膜放松放松，尽管视网膜足以捕捉发生在这一瞬间之后，成千上万个迥异的瞬间。

大多数人一生唯一能察觉每个瞬间不同的视觉差异的，就是计算机屏幕上变换的文字，只不过我们不把文字视为影像，而是直接聚焦于文字背后代表的抽象概念。难怪我们饿坏了的大脑，只要看到任何改变，就会饥不择食，连西蒙·考威尔（Simon Cowell）[1]去整牙也会成为我们关注的重点。不论谁在乡间小路闲适地散步，心情都会为之振奋，但也很快就会因为感官超载而疲劳，因为周围实在有太多变化了。我们必须对每件事都做出反应，这样的专注力已经超过了我们平时习惯的程度。我认为这就是为什么人们老说外出呼吸新鲜空气之后会很疲惫，晚上睡得都特别好。

现在试想，你进入了一座森林，除了眼前所见景象之外，你还必须注意耳朵、鼻子和肌肤所感知到的所有事物，那么这座森林将会变成什么样子？再想象一下，每种感官都能带你闯进一个新世界，而且每个世界彼此间都会以神秘的方式相互对应。仅仅是想象就这么累，更别说亲身体验了。处理感官信息会耗费大量精力，所以獾和练瑜伽的人都需要大量睡眠，我们也不例外。

---

[1] 英国著名歌手选拔节目《英国偶像》（*X Factor*）的联合制作人和评审。

——译者注

獾的视力没有问题，它们只是不把视觉当成先发选手。它们眼中的树林似乎只有形状。它们会描绘出物体的轮廓，因此视觉记忆库只会把以前的轮廓拿来和眼前的轮廓作比对。换句话说，獾只会注意到树林的粗略结构是否有所改变。就算把纽约帝国大厦搬到山脊上，獾在周三晚上可能会吓一跳，但是只要保持大楼外观不变，不喷出任何危险气体，那么它们虽然周四还会保持警戒，但到了周五就会司空见惯了。

白天，人比獾更厉害，就算暮色低垂，我们也能在微光中辨认出影像的细微差异。但是一到晚上，我们和獾的视觉能力就处在了同一起跑线上：我们都只能看出物体的轮廓。为了发挥轮廓的功能，我们必须具备獾那种运用记忆比对连续影像的能力。大多数人打从胚胎起就具备了这种能力。如果我们熟悉的房间有地方被动了手脚，我们会说："好像不太对劲。"住在时时有危险的树林里，只有具备这项技能才能保命，就算找不出变动的地方，你也知道躲回地底才是避开猎食者尖爪利牙的明智之举。但是獾还能更进一步，它们在发现不对劲之后，可以立刻比对记忆库中的影像，找出变动之处，再靠鼻子和耳朵收集更多的情报。

这种技能必须深入当地才能做得到，獾得精准掌握自己身体与树林的时空关系。我怀疑自己是否能做到这点。我非常希望自己可以。

我们想了两种办法来渡过这个难关。第一，我要尽量把自己当成四海为家的人。这方法一如预期，彻底失败了。我变得做作、肤浅又神经质。第二，不论我的家人离家去往何处，都无所谓。这好像会变成某种会遗传的坚忍性格。我们都是汹涌大海中的孤岛，除了都姓福斯特，我们这一家似乎没什么共同点，这种孤岛策略也并没有使我家兴盛壮大，事实上我们只是花了更多时间在电视上罢了。

獾隶属于一个地方，因此可以说它拥有那方天地。其他动物无法达到这种程度。獾的山丘"王朝"的历史比人类最古老的皇室家族还要久远，它们的肉体从几亩循环利用的土地中孕育出来，它们在地底打造巢穴，对地下世界了如指掌。**人类只能理解土地，獾则是直接与土地产生联结。**獾对于当地生活不会轻易放手：它们杀不死也赶不走。獾的头盖骨很厚实，当铲子打到它们的矢状脊时还会被弹开。侵犯领域的小猎犬一旦被獾咬住喉咙，只有打碎獾的下颌才能逼獾松口。我觉得獾是守护神的一种体现。

我不太清楚欧洲有哪些獾神，但是法国科多尔省的高卢铭文（Gaulish inscriptions）中提到了一位伟大的獾神（Moritasgus）。这位獾神似乎融合了太阳神的形象，因此也被视为治愈之神。这层神学关联并不明确，但也不难猜测。只要仪式正确，獾神就能"扛"起人们的请愿。身为天神的侍祭，它可以带着人们的愿望觐见天神。只要天神愿意，天神就会帮助獾兑现愿望，并将獾送回地面世界。

当然，看事情可以有很多层面。Moritasgus 的词根 -tasgus 可能源于古爱尔兰语中的 tadg，即"诗人"的意思。（獾的英文 badger 可能也保留了 tadg 这个词。）历史曾经非常看重文字的力量，所以 Moritasgus 与 badger 的意思，似乎已经融合在一起了。

将獾视为传递文字、打造符号、诵念咒语的使者，意义极为非凡。在我的想象中，獾会分别对地上和地下世界解释另一边的世界，让双方了解彼此的来龙去脉，同时也理解使者存在的意义。獾神就像一台缝纫机一样在不同的世界间来回穿梭，把两个世界缝合成完整的天地，使两边更趋完整。于是，这份差事就一直延续到了现代獾的身上。

我不得不承认，在树林里只待个几周没办法变成当地生物。当地生物的定义是，你所经之处都有你的祖先残骸的遗迹。人的寿命很长，脱皮的能力也很强，如果把皮屑算成"残骸"，似乎人自己都可以当自己的祖先了，但我所谓的在土里腐烂的祖先遗体必须是真的，而不是皮屑这种象征。人类可以找一个地方定居，祖祖辈辈在那里生活，这么一来，这个地方就会遍布我们祖先以及我们自己的遗体，我们还可以靠墓地认出各个地点。我正试着在德文郡的一片荒地上这样做，某方面多亏了獾的教诲，让我能一点一滴地进步。

当然，我还是没法用伯特的方式去了解这片树林。在同一个地方住了数百年，人总是会和邻近的矮栎树共享一些集体潜意识。**人会和附近的事物融合，每一次张口呼吸共同的空气，都是一种结合的过程，彼此的基因也在这一过程中逐渐混合在了一起。**（伯特说："老兄，你真是个心理失常的怪咖。"）

就算只在树林里待了几周，我和汤姆也跟树林开始了彼此渗透。我注意到我们第一次爬行就靠着非比寻常的机警，找到了"巢穴"与外界最舒适的路径。我们俯卧的身躯与陆地接触，重塑了土地的样貌，一如土地逐渐重塑了我们一样。我们身体常与地面接触的部位长出了厚茧，两腿也学会了怎么伸展才能轻松滑过掉落的山毛榉。我们沿着路径认真爬行，爬久了就逐渐记住了路线。獾也是一样，它们建立起固定的路线，而且打从心底里不想偏离。死于"内战"的獾用气味标出这些路线，除非发生塌方或者有挖土机来袭，否则这些路线永远不会改变。

我崇拜荒野，我希望能在土地上留下自己的印记。獾用麝腺分泌物疯狂标记领域内所有的物体，并且每天勤奋地在边界处排便，标记地盘。我和粪便的关系不如獾那样亲密，但我也会在排泄的时候，把手放在同一块石头上面，看到石头被我磨得越来越光滑，我就会感到安心，这就是我的麝香。我必须确定我曾在这里待过。这不是占有欲，我只是想确认自己属于此地，并且曾与之共度了一段连续的时光。这一切的重点在于"我"。如果你把一只幼獾放进兽栏，那么它先是会无法自拔地拼命分泌麝香，然后再冷静下来，仿佛只有闻到自己的气味，它才知道自己和兽栏已经有了共同的记忆，它才能安心。这就是我的状况。

凯伦·白烈森（Karen Blixen）[1] 快要离开肯尼亚的时候，问了一句："我身上衣服的颜色，会不会映在非洲平原盛开的鲜花上？"她的答案是否定的，而且多少还带点割除自我的救赎意味。安德鲁·哈维（Andrew Harvey）[2] 就明确得多："忽视我们的事物最终会救赎我们。"白烈森的结论错了。肯尼亚的恩贡山（the Ngong Hills）将因为她曾穿着一件红色洋装在那里呼吸，而发生永远不可逆转的改变。就算白烈森是对的，我还是觉得哈维错了。因为如果哈维说的是真理，那么万物就不可能建立任何联系，也就不可能有所谓的救赎了。**一个人不可能孑然一身地活着又死去。**当我伸手去摸山毛榉树干旁的石头时，追求的就是这种救赎。

"适者"比"强者"更适应"天择"

考虑到冬季即将来临，沐浴在 8 月阳光下的獾也开始为自己的下一步做打算了。獾的嗅闻和翻找动作明显透露出新的急迫感。除了蠕虫和蛞蝓之外，它们也开始吃水果和谷物，因为它们也很懂得增肥之道。我们也知道冬季即将来临。很多人都认同一件事：我们整年其实都在为严寒的冬季做准备。夏日酝酿的想法和排定的行程也只是暗黑冬季的走狗。

虽然我已经很努力地对抗这股邪恶的投降氛围，但我终究很难放宽心享受

---

[1] 丹麦作家，1914 年移居东非肯尼亚。

——译者注

[2] 英国宗教学者。

——译者注

8月的日子。越是奋力反抗，越不得不承认严冬肯定会获胜。我像獾一样绕着圈子急躁地奔跑，想迅速获取大量热能。结果我越狂躁，随之而来的抑郁就越严重。事情不应该是这样的，我应该像一只自鸣得意的蛰伏寄生虫，寄生在7月的身上度过一个月的时光。獾就是这么度过寒冬的。獾不冬眠，只是每年11月到次年3月，獾的行程几乎都是空白一片，只有漫长的睡眠时间。獾偶尔会外出吃吃蠕虫、伸展伸展筋骨、呼吸一下新鲜空气。

5月初的某个星期，世界似乎一切正常。万物正在复苏，我们也相信寒冬即将过去。但这份信念很快就消失殆尽。等到6月中旬，我们初次来到"獾巢"时，黑顶莺（blackcap）清脆婉转的鸟鸣声听起来就像是在嘲讽（"很快就过去了，很快就过去了"），就连黑顶莺这名字听起来都充满了不祥。

我努力咀嚼、舔舐、作呕、嗅闻、蹒跚爬行，朝着獾的世界迈进。有时候觉得自己快要抵达了，但结果发现这种自负心态只会使我离得更远。我们每晚都会听见獾踩踏欧洲蕨的声响，黄昏时分偶尔还会瞥到獾头上那跟贝利沙信号灯（Belisha beacon）[1]一样的黑白条纹，或是獾移动的身影。我们通常会试图接近獾，但只要一听到它们停下来就会打住，不过只要我们发出很大的刮擦声，它们的恐惧就会消散。我们一爬出"巢穴"就开始用"前爪"抓树皮，并且特意在獾看得见的小山丘处排泄。我们身上发出的浓厚气味，连鼻子塞满羊毛脂和柴油的伯特都闻得到，他对此非常嫌弃。当汤姆在温暖潮湿的天跑在我前头时，我甚至可以闻得到20分钟前他留下来的水汽痕迹。

伯特不再像以前那样经常带着食物来访了。我和汤姆两人慢慢在山谷里长出坚硬的外壳，我们曾在一间废弃已久的屋舍看见过奇特的亮光，听见狗吠我

---

[1] 英国城市保护行人安全的橘红色信号灯，柱体为黑白条纹。

——译者注

们就吓得汗毛直竖。人类对我们而言就像月亮一样遥远，而且也跟我们没多大关系。我们在意的是云层的重量、叶片的颜色和饥饿的摇蚊。说不上为了什么，我们在"巢穴"外面插了一根树枝，上面放着獾的头盖骨。我们偶尔才洗一次身体，就算洗也只是三两下敷衍了事；我们的嘴巴里还有烟熏味和泥土味。某天，汤姆躺在一团枯掉的风铃草上打盹，一只鹀鹀飞下来啄走了他腿上的毛虫。我的手表显得很唐突，所以我褪了下来，将它放进塑料袋，并举行了一场郑重其事的埋手表仪式。我和汤姆立正站好，我用锡哨笛吹了一曲《最后岗位》(*Last Post*)[1]。

那年夏天，我们必须感到知足。我们知道自己或许有那么几分钟，在某方面成功地以獾的身份和它们共同生活在树林里。这样我们就心满意足了。当时我们认为这就是那个夏天我们达成的目标。

我把手表挖了出来，回到阿伯加文尼车站，心想着这次失败了。他者是一只顽皮的小精灵，它一如既往地闪躲开来，跑回细细低语的绿林里去了。城镇充满了刺耳的声响、打嗝声、"咯咯"笑声，还有色眯眯的斜睨。"巢穴"外任意一片叶子都要比这整座城镇来得色彩斑斓。城镇靠着从东方空运来的粮食填饱肚子，所有人都单调乏味，他们聊天的内容不外乎足球运动员在和音痴歌手偷情。这里的气味街区巨大又粗俗，它蹒跚摇摆，发出阵阵咆哮声。各种惊吓、无聊，以及地面散发出的令人窒息的恶心气味，都让我感到不适。有个人问我提款机在哪里，他简直像是贴着我的耳朵扯开嗓门大吼似的。我盛怒难抑，差点把他打倒在地。这个城镇非常宜居，我曾在这里度过了很愉快的日子，没想到现在却成了这个样子。

---

[1] 著名号角军乐，多用于缅怀战争中牺牲的军人。

——译者注

我迫不及待想要回到山谷。我坐在火车上戴着耳塞，望着田野从眼前飞逝，火车引擎缩短了路程，真令人讨厌。我摘下耳塞，放起了林地鸟鸣声。我想念那些现在急切需要的事物，而那些事物不久前我才拥有过。**于是我提出了第一个提议：要想成为一个生命力旺盛的人，我必须变得更像獾，像獾一样，适应自然。**

回到家之后，我很快就忘了大半的树林生活。不过，尽管我的鼻子恢复得像以前那样懒散，我也再次习惯了日常生活中的耳鸣状态，夏天的经历却没有完全消失，我甚至还产生了一点离乡背井的焦躁感。**我知道不必靠瑜伽的弯折动作，只要依赖感官就能把注意力一次放在世界的多个层面，不像平常只能最多关注一两个层面。当你达到了那个境界，你就会有全新的领悟。**

仲冬时分，我和汤姆再次回到"獾巢"，我们发现洞口已经结满蜘蛛网，真是令人伤心。我还盼望有其他生物会来"鸠占鹊巢"，至少狐狸应该来避避寒风。獾的头盖骨还在树枝上，不过位置改变了，现在它不再盯着地面，而是仰头眺望着山丘，似乎要望穿栎树那如同老人嘎嘎作响的手指般的树枝，穿过静默的秃鼻乌鸦，将视线一直延伸到伯特那年夏天建造的房子。房子里梅格正一边卷着雪茄，一边读着《马比诺吉昂》（*Mabinogion*）[1]。

我们常走的那条路还在，就在不远处。虽然一到春天，这些痕迹就会消失，但那条路仍旧是爬行的最佳路线。躺在地上的时候，一阵刺骨的寒意会随着晨光的色泽一起钻入体内，如瀑布般流泄，先是流进肋骨，灌满整个胸腔，然后再流向双腿。地面又吸又咬，似乎等不及要拿我们饱餐一顿。

---

[1] 中世纪威尔士的民间故事集。

——译者注

外面浓密的棕色欧洲蕨垂着头，乍看之下树林变得更巨大了，而且比起夏日，树林与我们的关系似乎也更深厚了。有时候，远方会浮现清晰的地平线，但更多的时候是一望无际的树群。冬季的獾和外界始终保持着一段距离，但是同时也切断了由獾鼻和夏季的热气做媒、与土地的那段津津有味的密切关系。微弱的冬阳想竭力敲碎大地，希望能为飘散出气味的谷物带来一丝温暖，但是我们依旧感觉不到热力。地上只有堆满腐叶的土和刚开始腐败的树叶残骸，除此之外一无他物。冬季的树林了无生气，比起夏季更接近人类城镇的气息。耳朵终于又获得了应有的重视。视线望得越远，双耳就越能专注地倾听远方的目标。四周没什么动静，所以比起嗡嗡作响的夏天，此时，更能听清楚每一种声音的细节。

獾就在附近，静悄悄的。厕所里堆着新鲜的粪便，铁丝网勾着黑白色的獾毛，交通要道的泥泞中还印有獾的足迹。我们听见獾在夜里喘息，那声音很像是铁路调车厂的小机车，引擎听起来快要报销的那种。我们和獾之间的距离照理说应该更近一些才对，因为那鼾声不会再被 6 月茂密的绿叶打断了。清新的空气中少了夏天的沉闷、冲撞和高声尖叫，只会偶尔传来灰林鸮一声试探性的鸣叫。但是感觉上獾却离我们更远了：我们共享的事情变少了，它们好像没什么能和我们分享的，或者说它们已经不如 6 月时那般大方了。

獾巢的寒气包围了我们，土壁此时成了吞噬的咽喉。喜欢热气的蠕虫遇到散发热气的我们后便围了上来，像咽喉吐出的多毛舌头，在我们身上到处留下黏液。"我不喜欢现在这样。"汤姆缩在厚度完全不够的睡袋里，一边发抖一边低声抱怨。"我也不喜欢，"我说，"我们走吧。"我们收拾行囊，跨越河流，沿着小径走回农场。小径在月光的照耀下看上去比白天更笔直了。

没有獾跑出来向我们致敬。它们正舒服地待在窝里，它们的獾巢比我们的更深入树林的地底，深到无法保障我们的安全。

BEING

A

第三章

动态寻找最佳生态位：水獭

世上鲜有天性开朗的水獭。它们没时间搞华而不实的情绪，也没条件踏着安稳有节奏的步伐，以哲学家的姿态踱步前进。当一只水獭必须过着快节奏的生活。水獭的日子并不轻松。在人类和水獭的世界中，如果想当专职猎人，你就必须日夜不休地狩猎。

BEAST

每天早上吃饭的时候，都有 5 只水獭盯着我们不放。它们已经死了。这 5 只水獭来自维多利亚时代，当时的标本师按习惯将它们漂成白色，它们桀骜不驯的眼神像极了骑兵上校，脚下还踩着被征服的鱼。维多利亚人喜欢白色的水獭，于是把水獭漂成了白色。

水獭是工具，这是很少物种具备的特质。《水獭塔卡》的作者亨利·威廉森用象征性的手法将水獭捣碎，把肉酱当成颜料为德文郡北部上色，又当成软膏，涂抹在战壕里形成的真实或想象的伤口上。加文·马克斯韦尔（Gavin Maxwell）[1] 想要水獭，于是他养了一对欢闹喧腾的水獭朋友，平时也不会多嘴窥探隐私，在赫布里底（Hebridean）寂寞的夜晚还能抱着取暖。面对这两位写水獭的高手，我只有一个优势，那就是：我没那么爱水獭。

水獭也有"资产负债表"

当一只水獭必须过快节奏的生活。住在郊区的我，在合法的范围内最多只能靠连续熬几天夜，每隔几小时就喝一杯双倍浓缩咖啡，冲个冷水澡，接着吃

---

[1] 著有《明水之环》（*Ring of Bright Water*），描写作者饲养一对水獭的生活。

——译者注

一顿超丰盛的新鲜寿司当早餐，然后睡个午觉，一直重复循环到死为止。最正统的水獭死法是跑到车子前面被撞死，或是因腹部伤口引发败血症而死。

骨子里的侵略性

描写水獭与描写其他动物比起来，更像是在做会计的活儿。

水獭做的是新陈代谢的生意，而且利润非常低。水獭一生超过 3/4 的时间都在睡觉，一天要睡超过 18 个小时，剩下的 6 小时则拿来疯狂杀戮。跟体形相近的动物比起来，水獭的静止代谢率大约会高出 40%，游泳的时候代谢率更会大幅提升，尤其是冷天在冰水里的时候。水獭游泳时，代谢率大概是狗的 4.5 倍。这样比喻可能不完全准确，不过可以想象你家狗运动时的心跳率，乘以 5 就是水獭的心跳率。水獭的胸腔不会真的大力跳动，而是会像里头关了一只拼命鼓翅的蜂鸟那样高频振动。要维持这种高速运转的引擎，就要准备多到不可思议的燃料，水獭每天大概要消耗体重 20% 的能量。

我的体重约 95 公斤。如果用食物重量来计算，我每天只有吃掉 88 个大麦克汉堡（三层，包括肉排、干酪、莴苣叶、腌黄瓜、洋葱和奇怪的粉红酱），才等于水獭的进食量。3 800 包薯片、229 罐烤豆罐头，或者 792 份羊排（鱼排也行）。清醒的 6 小时中要吃下 88 个大麦克汉堡，平均一小时就要吞掉差不多 15 个，也就是说每 4 分钟就要啃掉一个。难怪水獭总是一副忙到没时间沉思的样子。

水獭只有身形称得上柔软灵活。很多诗作歌颂它们让人难以捉摸，但难以捉摸的其实是水，不是水獭。水獭脾气很差。我们为了某个可以堵住形而上哲学家嘴巴的理由，希望生命可以发展出与环境气息相近的性格。但是水獭真实的性格跟水一点也不像。我们老提到流动和水面，但关于水獭，我们应该说的是发怒、焦躁、猛咬和乱抓乱扒。

水獭是侵略性动物，不是温和的老百姓。它们将迷人的小鼻子凑进水里，就像外科医师戴着手套将手指伸进切口一样精准。那只鼻子如楔子一般，把河川劈成两半，先让鱼类偏离水流，接着再一口咬碎它们。水獭几乎不属于水的一部分，它们在水里只待了约短短 700 万年，没办法成为我们期望的、那种基本上只存在于神话里的水生动物。

水獭是能在水中悠游自在的陆地动物，它们的涉水技巧很高超，但还不够安全。它们的样子比较接近鼬，而不是海豹。进化作用才刚开始替这群原始白鼬弥补弱点，削平它们的头盖骨，把眼睛和鼻孔移到更适合的位置，并且替它们加上更厚重的毛皮、长得像船尾发动机的尾巴，还有便于划水的脚蹼。适度改造之后，水獭就被丢进冰冷的深水中自生自灭，完全不顾热力学的计算结果有多吓人。

为了摄取足够的热量，水獭不得不四处奔波觅食。如果是在温暖丰饶的低地河川，水獭只要在 10 公里左右的河域觅食就能喂饱自己。但要是在食物匮乏的苏格兰，水獭就得"奔走"48 公里。这么惊人的移动距离也是它们如此凶猛的原因之一。只要有一条鱼被入侵的家伙抢走，会计的账面数字就会立刻变得很可怕，可怕到水獭完全没心情玩闹。

超过一半的水獭验尸报告显示，它们在死前不久刚经历过激烈的打斗，而且伤口通常让人不忍直视。由于水獭在水中打架时，腹部和生殖器官往往是对方的攻击重点，因此开膛破肚、肠器外露、睾丸被扯下来、阴茎被拉断等是家常便饭。这还不是最凄惨的死状，最惨的那些我们已经看不到了：它们会快速夺走对方的性命，将遗体丢在河堤旁的灌木丛里让老鼠啃食，或者沉入河底让鱼群吃干抹净。我们看到的水獭都是命大的，这样它们才能活到在路上被卡车撞死。

划地盘

除了承认我跟水獭都在本体论的悬崖边缘努力保持平衡，并且我们同样都是进化作用的低劣半成品且专注力不高之外，我要怎么做才能更像这群尖叫咆哮、一下漫游一下抽搐、如同患有多动症一般的家伙呢？**首先，我可以去拜访它们；接着，把我的物理界线调整成水獭的标准。**我得去找一张地图插大头针了。

地图的中心有一座灰色屋舍矗立在德文郡荒地的边缘。爬过欧洲蕨抵达山丘顶端，你就会看到布里斯托尔海峡（Bristol Channel）对岸的威尔士风景。我们从流经屋舍的小溪取水。小溪穿过獾居住的树林，流速渐快，沿途不但收集栎树叶，还会把石头裹上泥炭，好像要拿石头去蘸巧克力酱似的。奇妙的是，小溪在正要汇入东林恩河之际，速度突然慢了下来，仿佛它临时改变了主意，不想离开山丘了。小溪懊悔地啜泣着，一路迅速平稳地流入了林茅斯（Lynmouth），迎接龙虾和碎石。

跟我们待在一起的时候，小溪看起来充满了活力。它会停顿，也会形成一个小池塘。那里有棕柳莺、蟾蜍繁殖场，以及和蕾丝花布垫一样美的扇形海藻。这座山丘是一处强壮、脸色红润，有点盛气凌人的高沼地。石蛾的幼虫石蚕会用石头而非谷物做伪装，把自己包起来。但别以为这里就是一座轻松写意、如乡村般舒适的小山丘。那里有一排歪七扭八的树，跟红树林一样蔓生，吸取大地的养分。孩子们每次去都会留下笠贝的贝壳，当作和解的礼物送给睡在苔藓上的不明生物。

山谷最顶端，离我们茶桌大概三分钟的路程，就在小河从荒地开始冒出头的地方，出现了"恩典"：一堆水獭粪便。

水獭会用粪便标记地盘，或表示"我刚抓过这个池塘的鱼，不必浪费时间了"。粪便可能不是水獭标记地盘的唯一方式（尿液应该也是重点，还有一种是在学术界引发激烈争论的果冻状排泄物，看起来很像浓稠橘子酱，据推测是为了帮助水獭将锐利的鱼骨通过脆弱的肠道），但是粪便绝对是最显眼的。通常我们也只能靠粪便判断附近是否有水獭，只是粪便研究扭曲了从生物学角度对水獭的理解。有人说得很坦承：我们变成研究粪便的了，而不是在研究水獭。

研究粪便是一项欢乐的任务。教授们拿着写字板，一边在河堤快乐地漫步，一边画图表、推断结论、享受干酪和小黄瓜三明治。这根本是徒劳无功，大便里找不到我们想建构的复杂科学理论。没有人可以仅靠我的大便完整重建我的生活。不过话说回来，粪便还是有点用处的。知道了水獭的神速代谢率之后，你会认为水獭的肠道应该也很惊人。事实也确实如此。动物学家汉斯·克鲁克（Hans Kruuk）曾在设德兰群岛（Shetland Islands）认真监控水獭的排便行为。冬天的水獭比夏天更常排便，大约一小时就要排便 3 次。而且这只是在河堤划地盘时的排便，不包括真正需要时的排便。汉斯肯定漏掉了几次用于划地盘的排便，同时也高估了真正的排便次数，因为有时候水獭会直接将粪便排在水里。假设水獭一天行动 6 小时，一小时排便 3 次，这样一天就要排便 18 次。这种划地盘的频率太频繁，肠道活动也太繁忙了。假设小孩平均每天排便 3 次，那么他们要花大约一周的时间才能完成水獭一天标记地盘的工作量。

我把孩子们找来，教他们用大便划地盘，然后送他们进入山谷。我叮咛他们："小心别跌下去，回来吃晚餐。"可想而知，计划失败了。你无法命令人类孩童当场排便。倘若是为了写这本书就喂他们吃含泻药的米花糖，那就太残忍了，说不定还违法。所以我改变了策略："想大便的时候就去小河旁边，挑一个地点。你们要用大便表示这段河岸是你们的地盘。"孩子们跑了出去。他们凭本能模仿欧洲水獭的排便划地盘行为，挑中水獭绝对会选的、显眼又处于战略位置的石头。如果附近没有石头，那么他们甚至会像水獭一样，自己盖一座城堡，用青草和砂石标示大便的位置，那看起来就像是放在天鹅绒戒指盒中的订婚戒指。

下一步是检查每一堆粪便有多独特，是否可以一眼就看出是谁的排泄物。这份调查令人作呕，旁人一定会觉得我们是大变态。我们爬上河岸，到处嗅闻。调查结果令人十分意外。孩子们吃的东西差不多，但是粪便却截然不同。我不便公开大便的主人是谁，所以以代号称之。甲是个异类，他代谢胆盐的方式非常怪异；乙的大便比较像胎盘和香膏。其他的不再一一赘述。我们五个人闭着眼，靠气味也能猜对八成。我太太不想参与，她待在屋里开心地翻阅着光滑的杂志，阅读有关优雅生活的特辑。

辨识新鲜的粪便只是初学者阶段。经过太阳烘烤之后，我们的正确率开始下降。低温也是扼杀气味的元凶，这是我们在獾的嗅觉世界学到的。一星期过后，不管这期间经历过哪些变化，所有粪便都会回归平凡，如果我们想挖掘更多的研究资料，那就只能再制造新的"材料"。水獭也一样。这些地盘标记物每天经受着日晒雨淋，所以水獭只好勤奋地排泄，通常是排泄完了立刻进食，或进食完又立刻排泄。

我们可以在一小段时间内靠粪便得知谁曾经去过河边，又在哪里标记过地盘。丙个子较小，个性也比较犹豫，因此占的地盘也是迷你型的；丁选了一个小池塘，并沿着池塘边缘盖了一座粪便神殿，每一堆粪便都藏在弯成拱形的蕨类或芦苇下方；甲和乙是比较积极的"殖民家"，他们想把领土扩大到上面的荒地，同时吞并别人的领地，他们会消灭对方的标记，把粪便踢进河里，然后换成自己的粪便，或是直接将自己新制造的盖在别人的粪便上。

如果我们分别让孩子们吃不同的食物，那么我们就能靠粪便气味重建过去

8 小时的餐点料理。但是最后得出的信息量其实很少，我们无法从粪便看出每个小孩的生活，更别说人类孩童的生活概貌。一堆人发表的有关水獭的生物学研究，实际上只是关于一坨屎。

处境艰困时需争分夺秒

我的生活过得太舒适了。美好得不符合真实，因为水獭的日子并不轻松，至少现代水獭的处境挺艰难的。它们满怀恐惧地争夺食物，上一只肚子里只剩骨头和黏液的家伙已经死了，它们不知道何时才能摄取到足够的热量。亨利·威廉森为了强调这件事，还特地将《水獭塔卡》的副书名定为"欢乐的水上生活与死亡……"。如果威廉森所言不虚，那塔卡真是一只不寻常、甚至有点病态的水獭。

BEING A BEAST　　这世上有欢乐的獾、鹿和燕子，数量多得很，但是鲜有天性开朗的水獭。水獭们没有时间酝酿华而不实的情绪。在人类和水獭的世界中，如果想当专职猎人，你就必须得日夜不休地狩猎。

此起彼伏的焦虑感

水獭的世界没有地平线，只有水面。它们是长毛的蠕虫，远方跟它们的生活沾不上边。水獭会在小河与大海之间打地道，猎捕地道里的猎物，就像鼹鼠杀死蠕虫那样。水獭住在自己的地道里，从心理学的角度来看，这种习性很正常。当人类被……不对，当我被焦虑折磨得疲惫不堪时，那种压抑的感觉就像自己正待在地道里一样，而水獭过的就是这种生活。

我站得比水獭高，眼光却没有比水獭高很多。我走在牛津阿什莫林博物馆的文艺复兴画廊中，实际上跟躺在河堤湿漉漉的西芹上扭动的水獭没什么两样。我的眼睛布满雨水，鼻腔里满是死之将至的气息。即使我做一堆事分散注意力（天真的生物学家可能会以为这是生活很欢乐的证据），也无法逃脱痛苦的钳制。生物学家只看见我试图享乐，却不晓得我尝试未果。我和孩子们嬉闹，抱着连我自己都不相信的希望，期待他们或许能和我不一样，不会深陷在地道里受苦。

水獭可以站直身体往前看，但它们只会看见前方向上升起的河堤上的一片绿意盎然，或者荨麻草密生细毛的尖刺、一株拱起的梣树，或者一只正在牛蒡的最顶端分泌黏液的蛞蝓。水獭知道一抬头就是天空，但它们从不抬头。

水獭的"国度"冲刷着它们身体的两侧，一步步缓慢地在我们眼前展开。这里的景色跟我们的不一样，不会突然来一个大跳跃或大翻滚。水獭的国度里没有陡峭山谷，因为在那样的高度和速度下造就不出陡峭的地形。水獭的一生也没遇到过绵延不绝的上坡或下坡，没有什么是绵延不绝的。这群动物活在当下，但也没有因此获得救赎。它们会遇到艰难、绝望、高血压和饥饿的时刻，挨过去之后，又会再次发生类似的情境，接着再往下挨。在水獭扁平的脑袋里，每个时刻的点并不会连成一线，塑造出它们的性格。**水獭的自我被严重的焦虑侵蚀殆尽，如果焦虑是水獭的本性，那么无怪乎它们没有自我**。水獭是一块电路板，除了无限循环，什么都没有。

有些人认为动物会受苦，说明老天爷不够慈悲、不够万能，刘易斯（C. S. Lewis）[1] 倒觉得没那么严重。他认为：

---

[1] 代表作为《纳尼亚传奇》系列作品。

——译者注

要感受到痛苦，你必须懂得将甲时间点和乙时间点发生的令你痛苦的事相连接，这样才能预测丙时间点可能会令你再度痛苦。大部分的沮丧焦躁都来自推测痛苦会再度降临，以及由这种推测产生的不良心理预期。动物缺乏受苦主体的自我意识，而且在事情发生的当下，它们也缺乏神经网络去推测这档坏事未来是否可能会再度发生。所以，动物无所谓受苦。

我一直认为以上言论狗屁不通，到现在也还是没有改变这种想法。但是当我遇见这群发狂的水獭时，我差点就动摇了。水獭满脑子想的都是进食，几乎没有余地建构自我。

我怎么知道水獭没有自我？我不知道。我的言论完全没有神经生物学知识的支持。我都把獭当成彼得兔看待了，如果拒绝相信獭的近亲水獭没有感知痛苦的能力，未免也太不科学了。但是我的直觉就是如此，我也不认为这件事有什么好反省的。我很惊讶自己对水獭的评价这么糟。我小时候超爱水獭，每晚都要抱着水獭娃娃睡觉。为了去格拉斯顿伯里（Glastonbury）一间旧货商店把水獭标本买回家，我甘愿拿一套乐高玩具抵押。夜间，我抚摸着水獭标本带有伤疤的口鼻，缓缓沉入梦乡。我心想，那伤疤应该是被猎犬咬伤的，虽然水獭死了，但我还是可以好好照料那道伤疤。

水獭有许多特质吸引我，比如诗人歌颂的那些。我喜欢水獭，尽管它们的体形跟一只胖狐狸差不多，但还是可以像苦实菜一样安然漂在水上；我喜欢水獭把身体弯成回形针的形状，以及它们笑和啸叫的样子，还有扭动鼻子，像是要赶走马蝇的模样。我喜欢水獭偶尔展现的耐性，看起来盛大欢乐的家族远足。还有每次我逃掉钢琴练习，想找个地方躲起来，就会在那里遇见大白天蜷曲成一团睡觉的水獭。我和水獭挑选居住地的眼光很相似，我们都讨厌开凿的运河、农药和篱笆。水獭会假装自己很有个性，但我已经看穿了它们的这套伎俩。钻进土里的黑白条纹脑袋，比钻进水里的棕色脑袋有深度多了。水獭受的苦比獾、狐狸和狗要少得多。而我则背叛了自己的童年。

绝地求生

水獭让我的思绪漫游，它们自己也在不停地漫游。威廉森让水獭塔卡走遍托河（River Taw）和托里奇河（River Torridge），如果属实，塔卡还真是了不起的流浪家。威廉森应该没有夸大其词，毕竟当时是 20 世纪 20 年代，英国西南部的河川还在愉悦地四处蔓延。在那之后，人类就开始用除虫菊素、多氯联苯（PCB）和其他含苯的化合物戕害河川了。最糟的是，人们歼灭了水獭爱吃的鳗鱼。水獭的理想饮食有八成是鳗鱼，而鳗鱼数量目前已经减少了九成以上。

我怀疑塔卡真的游遍了那两条河的所有起伏。就算它真的做到了，那也不是因为它必须，而是它想要。有的水獭确实就是这样，就像有些人类一样。但是现代塔卡出没的范围要是没比它那 20 世纪早期的祖先更远就怪了，毕竟现在的水獭从每公里河流中捕获的鱼量比以前微薄了许多。**苯逼得水獭必须穿越荒地、河流湍急区域，甚至爬上危险的公路，侵入其他水獭的地盘**。饥饿会使人不择手段，当人类迫切想要提高股东的利润时，也有可能发生开膛破肚、攻击生殖器的事件。饥饿促使水獭的曝光度节节上升。

水獭习惯夜晚狩猎，但是如同经济拮据的人类领悟到的残酷真相一般，如果一天工作 8 小时还换不来温饱的生活，那么晚上就势必得加班了。就水獭而言，它们的加班时段是白天。回到会计的比喻，水獭的生理会计已经靠着很微薄的利润支撑着整个新陈代谢了，如果遇到法兰克福董事会西装笔挺的魔鬼会计那更是雪上加霜，因为法兰克福会计的要求极其严苛，任何东西都要榨干到一点不剩，这也使得动物那已经被绷得很紧的神经，又被拉扯到眼看就要断裂的地步。水獭被剥夺了睡眠，被迫开拓更多的地盘。

水獭小小的脑袋里装了一张大大的地图。令人意外的是，虽然地图涵盖的范围如此广，但水獭却不肯踏着安稳有节奏的步伐，不以哲学家的姿态踱步前进。**水獭的地图不只画出了空间，也规划好了时间，并以各种恐慌、饱腹、损失的记忆上色。**我的地图是这样的："河川流过一座险峻峡谷。北边高原壁立落叶植物，一条溪涧穿过树林，在距酒吧 400 米处与河川交汇。南边则是一处混合林。"接着插播一些过往片段和直觉告知我的东西："瑞秋在沿着树林往下走的时候划伤了膝盖，她的哭叫声实在是太洪亮了，原本虫鸣鸟叫的树林因此静默了一小时。接着我们爬到了那间酒吧，酒吧从 12 点之后开始供应牛排和牛肉腰子派。"

水獭的地图更像是一张表格或待办事项列表，不连贯又乏味，几乎不用形容词和动词，一格一格写着每个季节该做的事。差不多就像表 3-1 这样：

表 3-1 水獭的地图

月份	第一方案	第二方案	第三方案	第四方案
1 月	鳗鱼：又暗又深。试试去罗克福德（Rockford）池塘低处寻找	罗斯保罗城堡（Rosborough Castle）下有鲌鱼、鲇鱼和石泥鳅	鸭子、雷鸟、黑鸭；利福德（Leeford）可能有蠢鸭子。巴尔河（Barle）或拉德沃西（Radworthy）的池塘可以试试	有得吃就好
2 月	鳗鱼：又暗又深。天知道，每个地方都一样糟。两年前布伦登河（Brendon）上游还行，不过千万别忘了水中有铁丝网和带着爆炸棍棒的人类	鲌鱼、鲇鱼和石泥鳅：斯莫尔库姆桥（Smallcombe Bridge）	鸭子、雷鸟、黑鸭；同 1 月	有得吃就好
3 月	鳗鱼：试试西蒙斯门巴斯桥（Simonsbath）。老鼠可以当配菜	老样子：霍尔科姆河道（Holcom be Burrows）	鲤鱼池。但有讨厌的狗	有得吃就好
4 月	鳗鱼：去切里桥（Cherrybridge）好了。去年 1 月有柴油的臭味	银石（Shilstone）的青蛙。顺便找找小溪中的绵羊尸体	霍科姆河（Hoccombe Water）的小东西。家禽季节开始了	有得吃就好

续表 3-1

月份	第一方案	第二方案	第三方案	第四方案
5月	鳗鱼：弗莱克斯巴罗（Flexbarrow）底部	河七鳃鳗的繁殖季节。公鱼用吸盘吸住母鱼的头，彼此身体交缠。现在抓鱼买一送一。繁殖完母鱼也奄奄一息了。可以试试巴雷河下游	小鸭。母鸭再吵就一起吃掉	有得吃就好
6月	鳗鱼：伍尔科姆河（Great Woolcombe）与巴尔河交汇处	鲈鱼：林茅斯的海藻林	北美淡水蟹：巴尔河。沿路有小东西	有得吃就好
7月	鳗鱼：科尔翰福德(Cornham Ford) 的上游	鳟鱼：不要追捕，将它们逼到死角。去汤姆山丘（Tom's Hill）下看看	北美淡水蟹：巴尔河。沿路有小东西	有得吃就好
8月	鳗鱼：下雨就去巴莱河，没下雨就顺着布赖特沃西（Brightworthy）往下游	鳟鱼：不要追捕，要逼到死角。去年克劳德农场状况不错	北美淡水蟹：巴里河。沿路有小东西	有得吃就好
9月	鳗鱼：去切里桥好了，去年1月有柴油的臭味	河七鳃鳗迁徙。去沃特斯米特河（Watersmeet）的浅滩拦截	北美淡水蟹：巴里河。沿路有小东西	有得吃就好
10月	如果河水高涨，再加上新月，银鳗有可能迁徙。在沃特斯米特河下游等待，等银鳗到了浅滩就下手	河七鳃鳗迁徙。去沃特斯米特河浅滩拦截	北美淡水蟹：巴里河。沿路有小东西	有得吃就好
11月	如果河水高涨，再加上新月，银鳗有可能迁徙。在沃特斯米特河下游等待，等银鳗到了浅滩就下手	月初先抓河七鳃鳗：应该在阿什桥（Ash Bridge）附近。月底抓刚繁殖完、奄奄一息的死鲑鱼：罗克福德池塘	北美淡水蟹：巴里河。沿路有小东西	有得吃就好
12月	鳗鱼：默特尔贝里夫（Myrtleberry Cleave）？但荒地一到下雨就会一团乱	月初抓刚繁殖完、奄奄一息的死鲑鱼：罗克福德池塘	滨蟹、鸟类、鱼类残骸、螯虾。赤杨树下的狗鱼。下雨后钻出来的蠕虫。对，情况就是这么糟	有得吃就好

这份仿真表格唯一美中不足的地方就是，水獭不会用那么华丽又书面的语法。

我可以把心智和语言能力降到水獭的水平，实际上我也曾这样试过。先连续几天睡眠不足，谈一段分分合合、多年来互相撕裂彼此的悲惨恋情，连续淋三天冰雨，连着三天不进食，弄丢一根帐篷柱子，严重弄伤一只脚指头。任何能使精神耗损的传统技巧都能加速进程，比如白噪声、让水滴缓慢不断地滴在额头上、白天时段的电视节目等。干一件不可挽回的"坏事"也有帮助，这么一来就可以把自己逼到绝境，而且使自己无处可躲。

危机四伏，也能获益

我决定当一只日子比较轻松，生活在没有电子产品出现的时代，并且只在夜晚出没的水獭。但是我不能从夜晚才开始变身，我得从白天就开始研究河川，并注意健康和安全方面的事项。这实在很丢脸，对于水獭生活的河川夜景，我只能比对河川白天的样貌才能大概理解。白天的河才是主角，参照比永远会扭曲真相。这下子水獭原本就模糊的生活面貌，再次罩上了一层神秘的面纱。但我无计可施，尤其是我有时还带着孩子们一起行动。孩子的母亲连和蔼的东林恩河都能想象成险峻的不祥之地。

大多时候我都选择单独行动，因为水獭也是独行侠。大家都看过水獭宝宝在妈妈身边嬉闹的照片，但这段天伦时光大约只会维持一年左右，之后水獭宝宝就必须独立，因为河流无法保障一家人的温饱。2月，一座池塘还能喂饱一家人，到了5月，池塘就什么也不剩了。水獭宝宝无法靠直觉得知4月某处沼泽有青蛙可以吃，12月有刚繁殖完、筋疲力尽的鲑鱼可以轻松抓取。水獭父母必须把这一整年的行程和地理位置教给下一代，只要一堂课没上，小水獭往后就可能因为饥饿而死亡。

然而，这种互动并不频繁。由于水獭妈妈会耗费大量心神，因此她想尽早下课，节省一点新陈代谢。**水獭几乎都独来独往，它们不得不这么做。现代的贫瘠河流让它们连养活自己都成问题，更不用说交际应酬了。**一座池塘一次或许可以喂饱一只水獭，但两只就太多了。所以，每当我的孩子们在屋里横冲直撞、破坏家具，重演该隐与亚伯大打出手的故事[1]，妻子在一旁绝望地破口大骂时，我就任河流将我带走。

水底：水獭的舒适圈

多年来，我都会跳进埃克斯穆尔河游泳，通常是在大白天，不穿潜水衣，只戴面镜和呼吸管。但我所谓的"埃克斯穆尔河"其实是个空泛无力、没有意义的说辞。古希腊哲学家赫拉克利特（Heraclitus）说，我们不可能两次踏进同一条河流。赫拉克利特说得很对，而且我们只能在一个大脑中描述一个瞬间的感觉印象。每个印象之间只有虚幻的联结，但是为了写出连贯的文本，我也只能抓住那一丝虚幻，堆砌出可读性、语调与情绪。

如果有电影导演要拍东林恩河的山谷，那么他应该会选德彪西最抚慰人心，以及瓦格纳最歇斯底里的曲目当背景音乐。他会拍摄得很笼统，只有几个小分类：激烈的、田园牧歌式的和（为了展示他娴熟技巧的）模棱两可的。他永远掌握不到正确的过渡速度：河川可以连续 10 分钟在"激烈"和"田园"之间不断切换，而且河流时时刻刻都很模棱两可。倒是看似住在水里的水獭

---

[1] 该隐与亚伯为亚当和夏娃之子。该隐不满上帝较喜欢亚伯的供品，愤而将弟弟杀死。

——译者注

（尽管进化过后刚进入水中生活），有着一套不同的节奏韵律，类似于指甲刮黑板的噪音，不过比业余乐团的水平高多了。水獭的韵律与导演的小分类格格不入，可见导演的概述手法根本行不通。任谁想捕捉自然景点的氛围都只会白费功夫。当下的所有细节、挥舞、扭曲、一声接着另一声的喘息，被进化作用赶进树林和河川之间啸叫、发怒、四处穿梭的小杂种，用它小小脑袋的记忆包覆住的意识微光，才是山谷完整的面貌。

方向是个神秘的概念。当水獭头下脚上地潜进水里时，实际上它是在往上爬。它一下就爬到了高处，停在峰顶往下看。前一秒，水獭眼前只有前景和颤动的水中藏匿处。现在头部稍微一动，不仅景象变了，生活范围也扩大了。河床的水坑是一座山峰，水獭一边沿着水底世界铺陈出来的路径跋涉，一边在里头捕猎鳟鱼。

河川伴随着暴风、阴影和坑洞，自成一景。如果你是一条在巴奇沃西河湍流的河水，在一个鹊巢正下方，你会看到一整排完全静止的影像。但是一往旁边移动几厘米，你就会立刻被向下游卷走，速度比飞鹊还快，然后撞上长年拴着一只老牝羊的石块。老牝羊肋骨的位置挂着一只关有鳗鱼的笼子，里面的鳗鱼又肥又得意，就像木造农舍的狩猎农人一样。2月的某一天，我绕到牝羊背后，拿着园艺叉戳向牝羊横膈膜突起的地方，想把鳗鱼甩回河堤。正当我觉得自己强壮有力的时候，鳗鱼突然咬了我的睾丸，接着它便扭动着回到了它的始新世（Eocene）[1]。

牝羊水池的下方，在这只在当下存在的河水里，有一座从翻滚的水面往下通往一处洞穴的陡峭的岩石石梯，洞里的河水像缓慢翻搅的糖浆。洞穴里只藏

---

[1] 地质时代古近纪（Paleogene）的第二个主要分期，距今约 5 600 万年至 3 400 万年。

——译者注

了一堆梧桐翅果，别无他物。翅果在洞里旋转上升又旋转下沉，然后又旋转上升，直到腐烂。当你躺在河床上，往上仰看晴朗的天空时，土地的赤红和天空的湛蓝便会在你视网膜的调色盘上合成如紫袍一样的颜色。如果一只刚除了蚤的羊走进河里喝水，水深及胸，那么下游 45 米范围内所有的生物都会死亡。如果天气炎热，羊把整个身体泡进水里降温，那么下游 800 米范围内的所有生物都会被消灭。

那里有一处浅滩，有时候会出现水獭的踪迹和粪便。以前，四轮马车会载着身穿硬衬布衬裙的淑女从这里隆隆地颠簸驶过，同时这里也是个半路劫财的好地点。此处河滩之浅，想必能促成多起抢劫案。**我的重点是，河流就是一连串的故事，每个故事没有开头，也没有结尾。就在这段故事中，水獭猎捕进食，我则在其后紧跟追逐。**

我一直在追逐水獭，看着它们留在泥滩或沙滩上浅浅的脚印，嗅闻它们堆成小山的粪便，看着一条死掉的鱼，肝脏像奶昔一样被水獭从鱼鳃后面的洞口吸走。

我从没超越过水獭，或跟它们并肩而行。有时候，我会一瞬间可笑地以为自己成功设下了埋伏，我终于可以比它们先到达现场，看它们如何登上我布置的舞台。但是我错了，每次登场都是水獭的精心安排。我恨透了这一点。它们什么都不给，连我们能友好相处的假象也不愿施舍。水獭居然比猫更排斥互惠交流，这比它们的古怪行径，以及牺牲睡眠、颤抖又饥渴的猎食更加恼人。

我跟着水獭一起进入水里。我必须长时间待在水里，10 分钟的经验和一小时的经验，质量绝对有异。神经生物学的算法很奇特，20 分钟和 10 分钟的差异不是 10 分钟。如果你不相信，你可以挑一天早起，盘腿闭眼坐在垫子上，试着放空脑袋，什么都不想。用食指和大拇指揪住任何前来捣乱的思绪，再一把弹出脑外。连续 3 个月天天这样做，到时候再看看你还会不会说 10 分钟加 10 分钟等于 20 分钟。

也因此，尽管我浑身男子汉气概，皮下脂肪也很充足，我还是习惯穿潜水衣。水獭的身体构造也是我穿潜水衣的另一个理由。水獭的脂肪虽然很少（不像我），但它们有两层厚重的皮毛：一层细毛铺在里面，一层粗毛挡在外面。空气可以导热，而皮毛可以有效阻隔空气，是一个非常强大的隔热保护层。潜水衣的原理也一样，氯丁橡胶里面的氮气泡可以隔热。此外，穿上潜水衣可以让我更接近水獭的样貌。

那几天过得很轻松。我跳进河里，顺流而下，面朝前方，摸索着前进。不过大部分时间，我都和水獭一样躺在河岸边。一开始，在还没有探索夜间的河流之前，我躺在岸边是想感受水獭的白天是什么样子，有什么可看、可听、可闻的。等到开始进行夜间探索之后，我白天躺着就只是因为前一晚的活动耗尽了体力，希望在太阳融进河里、真正好戏上场前，感官能得到充分休息，恢复正常运作。

有很多适合水獭平躺的地点。这是肯定的，它们的地盘太大了，而且它们不算特别挑剔。水獭挑选场地的需求跟我一样：干燥、安全，最好也要很幽静。它们不需要在一株古老梣树下盖一座圆顶宗祠殿堂，只要一根排水管，或是由搁浅的漂流青草铺成的遮蔽沙发，能避开闲荡的狗就够了。

我也曾经睡在水管里，那根水管被承包商丢弃在罗彻斯特（Rochester）镇外，里面装满了兔子骨骸、尿布和针筒。有一只公梗犬摇摇摆摆地走进来想挑衅，我大声咆哮，差点把它的头咬掉，希望这能给它造成心理创伤。不过，我通常是在河岸边缩成一团，不超过一抬手就可以把石子丢进河里的距离。我会一边用耳朵留意外界动静，一边埋怨七嘴八舌的登山客，一心期待夜晚的降临。

穿梭在河川的不同季节

在我心里，河川分为两个季节：光明与黑暗；生命与死亡。春天和秋天是绝望的战场；夏天会呼吸悸动；冬天不会，进入冬天后，世界的心脏会完全停止跳动，连一声喘息都没有。

白天时光，我泼水、微笑、被河水快速冲走，撞得屁股痛。小河的情绪非常丰富，但这全都是跟河流年纪相符的情绪。不管你在哪儿，只要天空上高挂着太阳，河底就会变成一幅挤满各种脸庞的马赛克作品，在年轻、健谈的上游流域，海草会为那些脸庞再加上一头被风吹乱的长发。我用冰冷的手指梳开"长发"，泥鳅像虱子一样挂在"头发"上。

到了中年的河流，有一阵子那些脸庞都被削平了，发际线也退得差不多了，他们那一点儿也不哀伤的声音偶尔会被打断，好让河流喘口气。然后，就在快要入海之际，河流正式进入了更年期，迎接羞耻的危机：酸性物质四溢、旁边垂头丧气的青枝绿叶、由太多喷洒药物制造的柔焦效果。

这些远远超过了河流的承受能力，简直像是要将德文河的最后几公里消耗殆尽。终于，当你能听到浪花的咳嗽和抱怨声时，河川又再度变得缓慢稳重，并陷入了沉思。河川懂得如何调整自己行进的步调。

白天的大多时间，不论身处何方，我几乎都在河流边缘寻找伪装。肉眼可见的河床就像一片荒漠。偶尔，一列大胆的沙漠商队会横越沙丘，在石头之间穿梭。米诺鱼发着抖，鲇鱼则冲刺摩擦。棕色鳟鱼体形很大（够我饱餐一顿），它们会跟着海草摇摆，就像沙地骆驼一边摇摆一边反刍一样。另外有数千对跟砂砾同样颜色的眼睛，正躲在石头底下，耐心等待着夜幕低垂。

白日的荒漠很少会出现热闹的场景，我只遇到过一次。某个六月天，在猎鹿旅馆吃过午餐，酒足饭饱之后，我发现蜉蝣孵化了。远远地看，蜉蝣就像河川呼出的气息一样。事实上，它们确实是由河水呼出来的生物。水池的表面就像一层颤抖的肌肤。我不想浪费时间脱衣服，再说旁边路人很多，而且我这身衣服已经穿了两三周，也该洗一洗了。我把靴子脱了，外套挂在树枝上，头前脚后地从泥泞滑进河里。我把头伸进一群蜉蝣中间，它们可不是杂乱无章的一团云雾，它们是井然有序的交通系统。

蜉蝣在水波上方高低起伏，那场景简直就像征服过大浪的冲浪运动员在挑战令人敬畏的夏威夷碎浪。河流上方有几条界线分明的长廊，蜉蝣飞速冲进廊道。像是人人都遵守规矩的高峰时段的高速公路，大家都靠右行驶，以一秒5 000只蜉蝣的数量俯冲。我在水面躺了一小时，头始终悬停在中央分隔岛。当我把头移到其中一条车道时，蜉蝣就会立刻冲进我的眼睛和嘴巴，另一侧的蜉蝣则会轻轻撞击我的后脑勺。一小时之后，蜉蝣又全部消失了。这种变化无常，令我哭笑不得。

每次遇到棕色鳟鱼，它们都在阴影下漂浮。鳟鱼们讨厌我穿着灯芯绒裤的双腿和格子衬衫的手臂在水里乱挥，它们更爱追杀猎物，所以它们会争相穿过我身边，冲向水面。那场面就像一群饿了很久的人，正迫不及待地用手肘开出一条路，直直冲向自助用餐区一样。

在鳟鱼眼中，蜉蝣就像遮住天空的一大片牛排。试想你家天花板若突然变成了一个大汉堡，那么你势必会抬头，就像鳟鱼抬头往上看一样。一条条鳟鱼穿破汉堡，跃向天际。在某一处野生大蒜之间，藏着一只弓背静望前方的大水獭，它的四肢因沮丧而颤抖着。鳟鱼奄奄一息，随时可以下手，可偏偏这里有个胖子人类，在水池里使劲扭动。我感觉到水獭发出的恨意正在阳光底下发酸。这是我唯一从水獭身上感受到的情绪。

当我从水里爬上泥地，回到河堤时，我发现有人把我的外套拎走了。祝他好运，没想到竟然有人能忍受那气味。不过不出我意料，没人敢碰靴子。我无精打采、全身湿漉漉地走回山丘吃晚餐。在我大口吞下肉末烧茄片的同时，没被狼吞虎咽的鳟鱼吃掉的蜉蝣群全被浪花打在了林茅斯的岩石上，搅成了一团"蛋白质奶油"。

大晴天待在水里通常是忽视生物学、没有产出的时光。我在高地遍览风光，做小调查并收集坐标。白天，我大多动眼不动口，拼凑河床马赛克影像的时间多过肢解动物尸体的时候。我和孩子们随地野餐，拿石头当球、鹿的股骨当球棒，在河堤打板球；我们在浅滩睡觉，防御我们的粪便地盘，同时又加入更多的神圣装饰；我们品尝并比较吃鱼的蛆和吃鸟与哺乳类的蛆有何不同，我们吃了一堆生鱼肝，并规定彼此必须看到或听到 5 种在夏季迁徙的物种才能喝苹果汁（这条规定只维持了一个星期）；我们还在河床发现了一个圣餐杯形状的洞，里头漂着一只穗鸟和一只鹩鸟的完整尸体。

以上是"光明季节"的日常。"黑暗季节"总是伏在上方，像学校老师老是紧盯着我不放，想在我偷懒的时候逮个正着一样。

我再也无法假装自己跟冬天相处得不错。我一直告诉自己，万物此时并没有死亡，只是要休息一阵子，这样才能重整旗鼓、孕育新生命，我自己也一样。但是这招已经没用了。尽管从生物学角度来看，我只是在胡言乱语，但冬天的大地对我来说，跟死亡没有两样。我感受不到任何联结，大地死了，而我还活着。要是我也死了，我就不会像现在这样恐慌了。我讨厌大地就这样死去，我本对大地满怀信心，可是它却以这样的方式回报我。大地随心所欲地离去了，尽管它会再回来，但那也是死而复生，不是复苏。我不想要最终获得救赎，我现在就需要救赎。我躺在 1 月的树林里，将耳朵贴地，大地并没有如期传出和缓的心跳声。从峡谷卷起的迷雾不是由冰冷的树迁缓吐出的空气，而是由尸体散发出来的无味"恶臭"。

冬季多少还是会有些生物出来活动的。涉禽和水鸟会跑到岸上，红翼鸫和田鸫也不难见到。但是看着这些动作滑稽的龙套角色，只会让我觉得自己像一条蚕食大地尸体的蛆。我坐在火堆旁，一手拿书，一手握着酒杯，整个人变得又胖又冷，心中还充满着苦涩。我忍着，在心里算计着一天天把日子划掉。描写大自然的作家抱着这种态度显然不太合适。我应该装作深为大地的各种面貌着迷，并开心地说着暴风冰霜、羊毛厚袜等趣事。我做不到。我是个不完美的作者，所以只能写出这本不完美的书。太阳下山了，水獭会留下来，但我几乎没法加入它们。

我试过留下来，我真的试过。但留下来也只是装个样子。有时候光是装样子就很吃力了。我在12月从巴奇沃西河一路跌跌撞撞，漂流到沃特斯米特河。跌跌撞撞是因为我四肢的感受器已经无法告诉我手脚在空间的准确位置了。到了1月，我在水边伸入水里的树根中翻找，期待能发现一些躲在里头打盹的懒散的大鱼，结果一无所获，最后我手指头冻得像胡萝卜。

我知道在如此凛冽的天气，水獭迫切需要更多的热量，因此它们的移动范围会比平常更广。所以我长途跋涉，探访河堤和分水岭，希望能和水獭搭上线，或者跟自己以外的任何生物搭上线。毫无疑问，我失败了。这一幕似曾相识，那时我在牛津大学的博德利图书馆（Bodleian Library）里被电子邮件围攻，精力被各种日常琐事消耗殆尽，最后大脑只能鼻青脸肿地躺在地上抽搐，一事无成。

荒地的寒气跟日常琐事没两样，倘若琐事不肯善罢甘休，我的大脑也永远无法停止抽搐，恢复正常的理解能力。若是艳阳一直不回归，我就永远无法在河堤重拾同理心，这样下去，我连个像样的观察恐怕也做不好。但是，一旦夏季来临！一旦夏季来临，原本抑郁成疾的家伙就会一口气冲上狂热的巅峰，并欣喜若狂地放声欢呼。届时，我不再只是个闻粪便的路人，我也不再是拖着沉重步伐、满心怨念的形容词收集家。但是冬天偏偏是我的弱点所在，没人想跟我相处，也没人能忍受我的故作姿态。忧郁的灵魂显然无法穿透物种之间的那层薄膜。我不懂形而上学，但是人似乎得先充分地拥有"我"，才能变成他者，而忧郁只会将"我"逐渐侵蚀掉。说不定对人类而言，变成动物就是同理心的终极模式，想当个好伴侣、好父亲或好同事也需要同理心。

当你正身陷愁云惨雾，忙着呵护受伤的"我"时，根本就不会有心思再去同理他人。人类的养育观其实是错误的。教养策略教人要放下自我，心里才能容得下他人。事实上，只有先拥有完整的自我，接着才能对他人拥有同理心，这就跟太阳从东边升起一样理所当然。

白天，我做着学徒的工作，绘制地图。等到夜幕低垂，好戏才真正上场。尽管满心期待，我却一再拖延。月夜之下变成獾在蕨类之间嬉戏，那感觉就像兴奋的年幼童子军第一次参加营队活动一样。但是大半夜躺在水池底部，被古老生物环绕，跟死了没两样。我需要有人把我推进河里，或是水底必须有些吸引人的感官体验才行。不过，河川很善良，我最终还是被成功诱惑了。我打了一夜撞球，喝了几瓶啤酒，最后离开了猎鹿旅馆。我纵身一跳，跃入被星光稀释了的暗夜。

闭眼张耳，转换大脑

猎鹿旅馆是个轻声细语的温柔乡，不时会传出"喀哒"声、酒杯碰撞声和"咯咯"笑声。当我披上新外套走出旅馆，走到沿着路边流动、传出潺潺水声的小河边时，我的耳朵就变了。一开始耳朵小小的，跟平常一样贴在头部两侧；走出 45 米之后，耳朵居然变得跟卷心菜一样大，并且还开始旋转；再走 45 米，耳朵已经垂到我的膝盖了，现在我听田鼠的声响比猫头鹰还要听得清楚；继续走 45 米，耳朵开始变得像檐状菌一样，不断从身体正面和前侧冒出来。15 分钟过后，我穿过树林来到山脊，这时视网膜还没适应，没有变成獾的眼睛。我突然冒出个念头，如果裸身跳进河里，我就会拥有两对双眼，而河流也会多出一堆新长的耳朵。

第二天晚上，我走过桥墩，沿着小径走到一棵梣树旁脱光衣服，站在岩石上，犹如将营养过剩的祭品献给善妒的爱琴海神一样，我纵身跳入一群公鲑鱼之间。当我的头冲破水面，穿过一层泡沫和蜉蝣时，我的身体长出了一层如鳞片般的耳朵，像青蝇的复眼一样毫无间隙，每只耳朵都在贪婪地捕捉声响。

突然间，感官负荷过载了。大脑知道如何处理传进头部两旁耳朵的声音，却不知道如何处置从小指头和肩膀接收到的声音。大脑一时被过量的信息和不习惯的角度冲得晕头转向，以一副要作呕的样子对我抱怨，就像你在游乐场拿着棉花糖，被离心力甩了一阵子之后，你的肠胃会大肆向你抱怨一样。但是我的大脑很快就重新振作起来，它发现只要好好协调由每个远方的边哨站传来的信息，加强自己对身体的所有权，宣布这副身体既强大又年轻，应付得了新鲜奇特的体验，那么就没有什么难关是它过不了的。大脑说："你从没用膝盖倾听声音？哈！这样还配叫人类吗？"

声音在水中的传递速度是在空气中的 4 倍。**当你沉入水中，让听觉和触觉优于视觉时，周围的距离就会大幅缩短，同时还能让你的精神为之一振。**45 米之外，一只螯虾正在穿越砂砾，发出"嗒嗒"的声响，那声音听起来仿佛螯虾就在我的手臂上一样。塞满耳朵的河水就像扩音器，如果你只靠听觉感觉四周，那么你会认为每样东西都变成了庞然大物。比如"啪嗒啪嗒"爬行的螯虾听起来像怪兽，而且还是那种只有在《侏罗纪公园》的噩梦中才会出现的骇人怪兽。子夜的水池精彩万分，堪称传说中的游乐园。那些花大钱去漂浮中心理疗的人，肯定知道眼睛闭起来之后，其他感官的敏感程度会全开（实际上要想全开必须练瑜伽）。

待在河里的第一晚，我拿了一支火把，不过之后我再也没用过。火把是令人讨厌的玩意儿，它不仅无法照亮周围，还会使四周变得更暗。火把会吸走夜色，吓到夜游的动物。视网膜的视杆细胞在低强度光照下也能运作，制造出黑白影像。但或许是视网膜本身非常精巧，或许是大脑中央处理能力很优秀，这片黑白影像的灰阶丰富程度跟正午的彩虹光谱别无二致。我们并不是要把特定灰色转换成我们知道它代表的颜色，"神经炼金术"比这神秘多了。

夜晚的大脑并不会真心又可悲地假装夜晚是白天，而是会进行大规模的转换，将白天的大脑变成夜晚的大脑。这是我们已知最完整、最令人开心的"变身"。夜晚的大脑跟其他上天的恩赐一样脆弱，而人类的本能就是一巴掌直接消灭它。很简单，只要打开一个开关，你就能回到白天、黑夜都不存在的人造世界，变成锂和镉的产物。人类有一种卑劣的渴望，我们喜欢人造地点、人造食物和人造人，所以我们用了火把。

人类只要冲一个冷水澡，就会获得超群力量，在神经末梢被低温冻结之前，能看见、听见和感受到河川最迷人的良宵美景。白天的河川少了一点性感。尽管海草摇曳生姿，但那看起来却不带任何吸引力，更适合被拿来当壁纸，或摆在明亮有空调的博物馆里作为精心布置的展品。不过只要一入夜，海草就会抓住你的双腿，并一路抚摸到你的裤裆里。阳光洗去了海草的颜色，但等到夕阳西下，海草的乌黑、赤红和迷棕又会偷偷摸摸溜回来。夜色在树林间凝成一团，只有河水能溶解夜色。

待在河里的第一晚就害我再也不想在白天拜访河谷了。但是即使是如此诱人的夜河，也没办法帮我摆脱冬季的忧愁。

激活全部的感知力

在东林恩河的第一个夏季，我发现有个地方的河水会快速冲过狭窄的壶口，流进一处深渊。水流速度快到不仅能将河水直接冲进深渊底部，还会将沿途从荒地往下、经过圆石河道所收集的空气也一起冲进去。这些空气里灌满了绿意和鸟鸣。河水撞到底部的石头，螺旋上升到水面，又以不可思议的双螺旋状穿梭在下沉泡泡的周围。

发现深渊的第一天，我把脸埋进水里，从我口鼻喷出的一条条如银色发绺的气泡形成了一张空气面罩，我的脸就在面罩下。当我的脸被空气包围时，我感觉自己好像是一只长出了100万只复眼的巨无霸苍蝇。光线被气泡击碎后射入了我的视网膜，那力道强到连一般视觉影像都显得软弱无力。我任意变换泡泡的形状，就像陶艺家改变捏出的陶土形状一般。我利用螺旋水柱替气泡做出腰身，再将泡泡一缕一缕抽出来。"光明季节"期间，我会抱着虔诚的心态每周拜访深渊一次。这处深渊成了我的"安息日"场所。

水獭也会找时间放松。它们会玩水，没有任何目的地玩耍，也许唯一可能的目的就是制造热量和提升繁殖潜力。不过，水獭只在春天来临，会计所算的收入支出看起来恢复正常之后，才会放心玩耍。我也一样。在春天终于把"自我"还给我后（能说出"春天"和"自我"真是太棒了，这可是去年10月以来头一遭），我从藏身处跑了出来，像一个终于离开黑暗营地的狂喜逃犯，整个人痛快地滑进水里。

"你会感受到整张脸的变化。"我认识的一位苏格兰农夫低声吼道。虽然他说这句话的时候可能正和人聊到天气、青春期或除蚤药的毒害，但他这点对世界的整体观察心得还不赖。我确实感受到了脸庞的变化。我的脸上没有笑意，但是各种表情却有再度浮现的可能。

水獭主要也是通过脸部变化去感受世界的。它们的脸像凿子，在河面钻进钻出。水獭是第一批横跨罗克福德温暖浅水和从黑暗盆地里堆积冒出的古老、翠绿冰水的族类。所有迹象都很明显，唯独感官的感受强度不足。

我的书桌上方挂着一张大水獭的面具，这只水獭在 20 世纪 30 年代多塞特郡（Dorset）的某处被猎犬猎杀。它看起来干架功夫了得，可能它最后企图逃离巨大围篱时失败了，于是只好转身面对猎犬，打算咬掉这只不断狂吠的家伙的睾丸，它肯定使出了浑身解数。

我发现水獭的胡须让它看起来更加雄赳赳、气昂昂。水獭天生好战，它们的胡须又长又粗，坚挺十足。胡须的根部深埋在水獭脸部皮肤的内层，被密集的感受器包围着。每一丛感受器都与粗厚的神经线路相连，一路通往水獭那发热的脑袋。水獭的大脑一一核对信息，从中拼凑出世界的样貌。那副样貌是视觉影像吗？大脑的最终产物是不是类似"鱼类和食物在西北方 900 米外"，同时还配有视觉皮层提供的一条鱼的图案，然后确保脚掌、牙齿和胃都能看到？我认为差不多是这样的。

水獭的听觉和嗅觉能力还不足以取代视觉，当然偶尔辅助一下是肯定的。一般情况下，我们会把接收到的信号转化成视觉影像，比如，炭火或女人的气味会化成相应的影像，听了抑扬顿挫的旋律后，脑海中也会浮现出地形景观，或者第一次听演奏时的表演厅。只有在特殊情况下，尤其是在性爱活动中，我们才能纵情享受爱抚的触感、麝香的气味和喘息的声音。

某天，我那书桌上方威武无比的水獭首次感受到，死亡正藏在它双颊的深处颤抖着。当时它正躺在河里，只有鼻孔露出水面。它先听到了人类聊天的声音，都是有关气味、乡村偷情、舞会、饼类不够吃的话题；接着传来了更不祥的声音：一只猎犬在赤杨下的水獭巢穴狂吠，其他猎犬也加入了行列，充满威胁地齐声高唱着。水獭可能闻到了肉酥大馅饼、马卡发油的气味，以及兴奋的犬只发出的酸臭尿液味和嗝出的牛肉味。但是这一切都不重要，水獭已经不是第一次遇到这种场面了。除非猎犬拔腿狂奔，卷起一股压力波，压力波从翠鸟所在的那棵树反弹出来，再从水面一路震动到水獭的胡须，事态才会真正变得严重。即使不幸遇到了，水獭也知道不能恐慌，必须智取。唯有猎犬的腿像磨坊水车一样快速转动，水面的震动变得明显有力时，水獭才需要转身俯冲。也唯有水獭逃到筋疲力尽、放弃躲藏时，生命才会走到尽头。

尽管神经线路和大脑的处理能力很重要，藏在双颊的感受器也必须提高对当地的感知能力才行。因此，水獭的头部必须一直坚挺，就像它要迫切地融入这世界，以寻找更多的感官刺激。

我的双颊没什么能改造的。留胡子肯定没有帮助，胡子只会降低我的感知能力。我的胡子尾端没有跟一堆冒泡的感受器相连，而且松软的胡须也无法跟着风吹水流或碰触一起摆动，因此也无法传递信号给无用的神经。我最好在跳河之前先刮个胡子，而且最好也别用那些含酒精的须后水，以免像绵羊身上的除蚤剂一样杀光所有的生物。我可以理解把双颊当作全身中心的感觉，伸手摸别人的脸颊比伸手去触碰别人的生殖器官亲密得多。

我试着用脸更有意识地融入世界。进入房间的时候，我会让脸先进去；认识新朋友的时候，我也试着不先把手伸出去。我在毫无性爱暗示的贴面礼场合，与每个人都多贴了一会儿，渐渐，大家都把我视为异类。我拿鼻子磨蹭草坪、椅子、门框、蛋糕、桌布、树木和地铁。我久久地躺在河里，面朝水流，叮咛自己要多留意头顶形成的潮水和草原，以及鼻子附近杂乱无章的水流和青草。一只马蛭粘上了我的嘴唇，我居然过了整整一小时后才发现它。

其实这么做很蠢。冷水很快就会让脸麻木得跟冻猪蹄一样。就算我能把注意力从大脑转到脸颊，我也无法让脸颊像手指一样感受触觉，而且这还是在我的手指受到严重伤害的情况下（我的手指在北极受过冻伤，还在苏格兰被石头砸伤过）。不过，我慢慢意识到，我的手指其实可以变成胡须。任何一种像样的躯体位置图都会告诉我，我的想法是有凭有据的，手指确实可以模拟水獭的神经世界。我猜水獭的触须能够解读河流的等压线，但我没办法教会我的手指这项技能。然而，水獭的胡须不会像高耸山脊上的天线那样独力奋战，它们的胡须会跟牙齿及前掌一起，合演一场忙碌又该死的演奏会。

残酷的背后是公平的规则

我们都见过精彩的水下缠斗，搭配着优雅磅礴的背景交响乐，水獭在大水池追逐大鱼的景象，宛如坦桑尼亚的塞伦盖蒂国家公园（Serengeti National Park）里猎豹追捕羚羊的场景（连背景音乐都相同）。水獭穿梭翻身的动作如此流利迅速，它们肯定是在水分子之间的虚拟空间进进出出，而非真的在水里游泳。缠斗秀的最后一幕是：胜利的水獭停在浅滩，试着挪动死鱼，并对准鱼的肩膀咬下去，如果鱼有肩膀的话。算了，至少大多数英国水獭大部分的时间都不是在和大鱼搏斗。我很少在德文郡水獭的粪便里找到大鱼的鱼骨。生活艰难的水獭通常只能被迫选择时间表的第二或第三方案。它们是辛苦讨口饭吃的低等阶层，成天用前掌翻拨石头，希望能看到一条惊慌失措的鲇鱼从它们的胡须间一闪而过。

根据萨莫塞特郡的水獭专家詹姆斯·威廉斯（James Williams）的观察，水獭捕鲇鱼就跟打板球差不多：当小鱼瞬间从斜角游出来时，站在负责接杀防守位置的水獭会立刻潜水展开追捕。鲇鱼身上肉不太多，但是数量很多，一年四季都有。而且只需要水獭稍微防守一下，这比柴可夫斯基背景音乐中描绘的那种大追杀场面小多了。

翻找石块的水獭是高度依赖触觉的摸索高手，它们的摸索效率极高。我可以仿效这套摸索手法，至于后续的捕鱼就学不会了。我曾试过徒手抓大鱼，最后跟所有没拿捕鱼枪的人一样失败了（但有一次，我穿着蛙鞋在琴泰岬半岛的海池里摸到了一条海鳟的尾巴，顿时觉得自己很厉害）。

我在巴奇沃西河勤劳地摸索着。浅滩比较容易，我可以咬着呼吸管，脸朝下。通常我只用呼吸管，不戴面镜，因为我希望脸部和手指可以感受到更多细节。接着，在看不太清楚的状态下，我会用鼻子和手翻开石块。用鼻子翻石头的时候，我会用双臂围住石块，自成一圈渔网；用一只手翻的时候，我会立刻用头堵在石块前面，堵住其中一条逃离路线，并用另一只手臂圈住其他逃跑途径。

整体收获并不怎么样。我只抓到了几条长斑的石泥鳅和一条好斗的鲇鱼。一条搞不清楚方向的丝鱼把我的嘴当成了避难洞穴，迅速游了进去。丝鱼拍动的脊椎扫过我的软腭，像一位患帕金森综合征的牙医在用他颤抖的手检查我的口腔。此时，我应该阖紧嘴巴，并用上下颚压碎丝鱼，将它一口气吞下去。但我做不到，就像我没办法一脚踩死老鼠一样。

我的失败毫无逻辑，这好比我付出大把金钱，请人把牛痛苦地绞死，为的只是周日的午餐有后腿肉可以享用。当然，这一不合逻辑的表现他人也曾做过，于是这使得整件事变得更糟，而且更加无趣了。

原因正是在于距离，在于间接的罪恶感没有那么强烈，在于死亡的生理细节更能引起我们的道德不安，在于肢体接触暗示两者已经建立起关系，即使只是低等动物，再脆弱的关系都会让人更难下手杀害对方。

小时候，我曾经用牙齿咬死过一条鱼，那是一场意外。我在约克郡（Yorkshire）的池塘边，手上的果酱罐装满了游动的小鱼，其中包括一只米诺鱼。朋友克里斯说："你敢把它放进嘴里吗？你一定不敢。"我照做了。我不只将鱼放进了嘴巴，我还假装咀嚼了一番。结果，在我如此年幼的时候，这个戏剧张力十足的事件却验证了一项可怕的原则：假装的事会成真——我不小心真的咬下去了。米诺鱼那塞满蚊蚋幼虫和水生蠕虫的泥泞肝胆，在我的嘴里喷得到处都是。它垂死挣扎着，撞上了我的牙龈。我把它吐进了池塘，一群米诺鱼立刻围上来啃食，那时它还在抽搐个不停。

"真厉害！"克里斯吓呆了。

"还不错啦。"我的惊吓指数简直爆表。

翻石头捕鱼并不有趣，主要是因为我害怕七鳃鳗。这就是另一个我不够格写第二章的原因——水獭很爱七鳃鳗。这份恐惧从生物学的角度来看很不明智。巴奇沃西河大部分是溪流七鳃鳗，它们不会侵害其他鱼类。河七鳃鳗在那里比较少见，且它们对于钻透一个大型哺乳类的厚皮没什么兴趣，但我还是无法忘掉那骇人的影像：河七鳃鳗用它那发出刺耳声的吸盘状下颌，先是啃掉宿主的侧腹，接着又钻钻钻，一路钻进内脏，直到宿主死亡为止。然后那条肥胖的七鳃鳗扭动着身躯，从宿主肋骨之间挤出来，再游到别的地方繁殖，或者寻找下一个目标。

韦迪乌斯·波利奥（Vedius Pollio）的一个奴隶打破了杯子，于是波利奥下令把奴隶丢进养满七鳃鳗的池子里活活咬死。奴隶惊声尖叫（我甚至都能听见那叫喊），乞求主人换成别的刑罚。奥古斯都皇帝当时正在庄园里，他为此深受惊吓，于是他废除了用七鳃鳗处置奴隶的刑罚，并下令打破波利奥所有的杯子。奥古斯都的做法真是对极了。

我在巴奇沃西河底面对的就是七鳃鳗这种"猛兽"。七鳃鳗总是会被人拿来质疑上天不够慈悲、不够万能。所以，我们或许可以说，愿意杀死七鳃鳗的生物都是光明的化身。这个想法令我难得对水獭萌生了善意。

整体而言，我们和鱼类的关系并不复杂。没有一个小孩真心爱着他的金鱼。巨富花大钱买一群锦鲤，也只是因为锦鲤是高价鱼类，可以彰显他的财力，或者他喜欢鲤鱼池周围的造景，亦或许他只是一时兴起。此外，在巨富心情不错的时候，他也许还可以欣赏鲤鱼充满悲伤的翻滚和搅动。但是，巨富买鲤鱼绝对不是因为他喜欢鲤鱼本身。当一只被逼到绝境的水獭冲进后院，一把抓起鲤鱼之王镶金的脸时，孩子并不会感伤地轻抚鲤鱼的残骸，或是为鲤鱼举办一场严肃的入土仪式。

一个连做梦也不敢踩下油门碾过兔子的男人，却可以开心地把鲭鱼高高拉到半空中（鲭鱼从水中被拉上去的感觉，就像人类被从地球炸到木星那般）。当鲭鱼在甲板上挣扎扭动、几近窒息时，男人还能对着镜头微笑。同一个男人，可能也会眼睛眨也不眨，就将鱼钩刺穿活生生的小鱼，任小鱼猛烈摆动，同时用力将它甩入水里，希望能有更大的鱼来吞噬它。人类先天对鱼类的想象力和同理心就少得诡异。但是甲壳类的情况又复杂了一点，我们把甲壳类活生生煮熟，并用竹签刺穿它们的脑袋，但我们会一边做，一边喃喃自语着向它们道歉。

这个现象非常古怪，至少甲壳类和鱼一样，都是和人类差异甚大的物种，所以我们才能轻松地将它们杀掉。在这进化的数十亿年里，甲壳类已经渐渐远到人类的同理心都无法触及的地步。我本以为那一身甲壳外表会加深人类和甲壳类的隔阂，但事实并非如此。我认为原因在于甲壳类的那双眼睛。甲壳类不会眨眼，没有睫毛和眉毛，也没有任何眼神可言，但是那对眼睛就在那儿，向前凸出，直直瞪着我们，向我们示意。亦或许原因是那双大螯，甲壳类将大螯举起来张开的样子像是在挥手欢迎我们。我们会忍不住把这些动作看成是示好，无法完全抹杀双方建立情谊的可能性。

说不定，人类只能对与自己相似之物产生反应。鱼的眼睛是平的，跟我们的不一样。我们觉得平面的东西没有灵魂。而且鱼也没有双臂，不能相拥，于是我们也认定鱼类不想和我们拥抱。随便，水獭才不在乎这种事。它们需要的是热量。**水獭遵循着自然法则，而人类不一样，当对方要付出高昂代价，如生命时，我们通常会心生怜悯，不过我们也很擅长把同理心强咽下去。**我们牛津的家旁边有一条河，孩子们常去撒野的树林里也有一条小溪，河和小溪里住着许多螯虾。孩子们会把螯虾装在塑料袋里带回来，趁我躺在厨房地板上时把螯虾放在我的头上和脸上。

我以为水獭会对螯虾怀有戒心，对螯虾的那双大螯产生一点敬意。但是这只大螯虾却踌躇不决，几乎到了温柔的地步。当然，在我戳它的时候，它也会回戳我紧闭的双眼。我一移动，它就夹着我的鼻子，在我鼻孔下摆荡，还抬高身子，伸展肢体，像个好战的族长一样向我表示欢迎。但这一切都只是我的情感在作祟。对那只水獭来说，甲壳类精心的外壳和姿态甚至连吹在脸上的徐风都不如，水獭将它强而有力的手掌从黑暗中猛地伸出，一下就把螯虾拍扁在石头上。我们把螯虾放进冰箱冻死，儿子们再用辣椒油将它们炸熟吃下肚。

我并不急着探索夜晚的河流，因此我也不打算立刻去探索大海。这两种水域都像死亡，我的年纪还不够老，也不够年轻，因此并不适合叙述大海。大海太宽广，无以名状；又太基本，无须赘述。

陆地仿佛是我的化身：次等的衍生物，由某种可理解的力量制造出来的个体。大海就不同了。**我想，说不定待在大海里是我最接近水獭的时刻，因为大部分的水獭对海洋很陌生。**水獭在东林恩河自在生活的时候，我很难跟上它们的脚步，但是追根究底，问题还是在于水獭的真实自我太难以捉摸。如果我和水獭在异地相遇，就像两个来自不同战区、同时受到敌军围困的难民，或许我们会比现在更了解彼此，甚至还能萌生共患难的情谊。不管以上假设正确与否，该面对大海的时候总是要面对的。

我从沃特斯米特河一边漂流一边爬进大海，河里有一堆肥美的鳟鱼在扭动。要不是我道貌岸然地批评了火把，我晚上就可以点火偷偷跟踪鳟鱼了。白天的时候，我会忍不住像只幼犬般玩弄鳟鱼。水獭可不会把时间浪费在这种事上面，如果已经到了这么下游的地方，那么水獭肯定会继续赶路，因为它知道在这片拍打岸边的浪花背后，有很多鲜美多汁的鱼在浅滩等着它。

布里斯托尔湾卷起惊涛巨浪，然而陡峭的沿岸让人感觉不到浪花，浪花只在下方海面汹涌。这里有陆也有海，但是几乎没有无人地带。林茅斯临海的两三百米处，每天都有一股冒着泡沫的半咸水注入当地达数小时。不过遭到入侵的陆地仍然维持着陆地的模样，就像我们把喜欢水的鼬叫作水獭一样。

石头在水面受到冲蚀，发出擦刮的声响，鸟类跟着水流一起翻滚。在死寂的夜里，生机正悄然蓬勃。某个明亮的3月早晨，我像救生圈一样漂在水面上，正巧遇到水獭游过糕点店，深入海藻林和肠浒苔，那里的鱼儿闪烁着截然不同的银白色。水獭在港口敲碎了河蟹的壳，那声音跟老潜水艇的无线电噪声一样，而那些河蟹的祖先也吃过在河上乘着充气床垫漂流的小孩、为了多捕一箱鱼而流连太久的渔夫，还有从荒地一路冲下来的水獭等的尸体。我可以加入水獭的行列，互相吃掉对方。

大海不一样，大海不是挟带着砾石堆在地上流动的水体。陆地与大海由不同的力量主宰，规矩当然也互异。月亮无时无刻不在牵引着海里的万物，陆地则跟月亮绝缘，顶多在清朗的夜里，被月光照进河川和湖泊水面下数十米处。女人体内都有一股受月亮影响的浪潮，但那是因为她们是美人鱼（伯特表示："最好是啦。"）。溪与河中的鱼偶尔会在月光下打滚，那是因为月光是一种奢侈的新奇现象，就像偶一为之的泡泡浴。海中生物则无一能避开月光。无月的海洋就像无盐的海洋，从不存在。

当陆地水獭来到海洋、进入海里时，它们也会跟我一样迟疑困惑。水獭在漫长荒凉的邓斯特（Dunster）海滩，沿着浪花的边缘像小孩般蹦蹦跳跳地前进。它们似乎害怕把脚弄湿，但是恐惧之中又透出度假般的欢欣之情。跟着我一起从东林恩河冲下来，一路进入海洋的水獭小孩对我说："太好玩了！"我犹豫道："再待久一点就不知道好玩不好玩了。"因为那时候，我已经比它更像一只水獭了。

BEING

第四章
多样性才能带来红利：都市之狐

A

狐狸和人类一样，天生懂得多元发展。所以我们都能战胜炎热、
寒冷、干旱和单一文化。比起轻松拿起一块比萨，把糖醋酱舔
得一干二净，狐狸宁愿保持足智多谋、体力充沛的状态。尽管
这样更费力、更艰辛，它们也会选择聆听、猛扑、探勘和创新。

BEAST

地铁是一管皮下注射器，将人体和带电空气的溶液注入城市的肢体。当你随着人群，从贝思纳尔格林（Bethnal Green）车站慢慢渗出地面时，你会看到路边有一栋污秽的砖造建筑，门前立着一块老旧标语："上我这儿来，你就能好好休息。"

　　拐角处有间咖啡馆，之前的老板是一位温柔谦逊、说话不利索的善良人。我常在约会失败后，来这里吃一份干酪洋葱卷，以鼓舞士气。现在，这里挤满了刻意蓄胡的都市型男，他们一边喧嚣，一边嗑着松子。不知何处传来了金属声，要么是音乐，要么就是水管坏了。这里的每个人都很瘦削，并且每个瘦子都不快乐。咖啡馆外面，有一坨两边受到挤压、变成华丽书法字体的粪便，这是我在伦敦找到的第一坨狐狸粪便，周围还佐以闪闪发亮的紫色甲虫。

成为狐狸的条件

　　比起我第一次造访这里，现在此地少了一点鲁莽，多了一份自信。原来的居民都是本地人，现在则多了为追求某些目的而搬过来的外地人。那时候，在喝意式浓缩咖啡和吃烤派佐薯泥的人之间，不存在如今这种刻薄恶毒的隔离氛围。

在那段岁月里，大多数晚上我会去格洛布街〔Globe Road〕点一道辣酱西红柿通心粉，看看书，喝完一瓶充满涩味的基安蒂葡萄酒，最后去公园绕一圈再回家。一个温暖的 10 月夜晚，我穿过路边交缠的情侣，突然看到一座亭子旁边的草地上有两只狐狸，它们在草地上轻柔地摆动着头，看起来就像是安静的吸尘器，每次摇头都会在露水中划出银色的痕迹。

我朝狐狸们爬近，两只狐狸都没有察觉。当我爬到离它们很近的地方时，狐狸抬起了头，在发现我不是猫狗后，它们又立刻自顾自地摇起头来。狐狸们正在捕食飞满整片地面的大蚊，大蚊此时正忙着产卵。由于产卵需要一点时间，因此大蚊的翅膀被地面的湿气粘在了杂草上，那样子就像集邮簿里粘得牢牢的邮票一样。狐狸只消伸出舌头，便可把大蚊从草上刮下来，吸进嘴里。

我蹲在狐狸旁边观察着。压碎大蚊那瘦小、干巴巴又静止的身体好像不算太野蛮。大蚊被表面张力困住，几乎无法动弹。想象一道薄皮料理被压扁成香草雪泥，大概就是那个样子。半小时过去了，狐狸仍待在原地，在钠灯的照射下有条不紊地捕食。我则是全身僵硬地拖着一身脏西装走回了家。

这不是我第一次尝试当狐狸。9 岁的时候，父亲回到家，一脸兴奋地告诉我说："快去看看我的汽车后座，要小心。"两只刚死不久的狐狸躺在黑色塑料袋里，一公一母。它们的嘴唇往后，被拉成龇牙咧嘴的表情，似乎死得很生气。雌狐的乳腺肿胀，显然正在哺乳期。"别碰牙齿，"父亲说，"它们是被士的宁[1] 给毒死的。"

那种死法可不安详。有位农夫曾经兴致盎然地跟我分享吃到士的宁的鼹鼠

---

[1] 又名番木鳖碱，有剧毒。

——编者注

会有什么下场，所以我了解狐狸被迫咧开嘴"笑"的苦楚。农夫大概是把毒药抹在了死羊身上，狐狸吃下含有剧毒的羊肉之后，很快就会开始颤抖并觉得恶心，接着颤抖的强度逐渐攀升，以至严重到变成痉挛。在德比郡的漆黑野地里，狐狸们不断拱起身子，脊背弯曲到几乎要折断的程度，然后，等到横膈膜终于放弃挣扎时，狐狸们便全身发紫，吐血窒息而死。那对狐狸实在是太可爱了，从那之后，我的信只要不署名，就会画一只狐狸的头像。

我们外出寻找幼狐，在一处山丘洞穴下风处的帆布下躺了三夜。我用生日红包买了一只鸡，取出内脏后又将鸡肢解了一番，摆在洞穴入口附近当作诱饵。那时候我以为自己可以心想事成。我想要幼狐出现，它们就会出现。我祈求狐狸父母附身，告诉我幼狐的藏身之处，或者至少说服幼狐这里很安全，不必躲躲藏藏。我们一边发抖，一边用力地靠意念召唤幼狐。幼狐始终没有现身。这是我第一次体验到希望破灭的滋味。

要是在日本，狐妖肯定会受邀现身，根本用不着开口请它们进来，更不用像我这样三催四请。很多不知情的日本人若是娶了眼睫毛又长又翘、脚踩细高跟的狐妖回家，定会一脸心满意足。不过，你也得注意别被狐妖骗了，尤其是打电话看不见对方模样的时候，最有可能上当。后来，日本人发展出通话礼仪，以杜绝狐妖的骗术。人类有一些音狐狸发不出来，比如日文的"喂"（もしもし，moshimoshi），所以日本人接电话时一定要先问候这一句，如果对方没回应，那就赶紧挂断吧。

德比郡的狐狸显然不吃这一套，它们只从陆地猎取兔子。而西边海皮克区（High Peak）的狐狸则是绝对的他者：它们平时不会跨越物种的界限，只有化身成恶魔时，才会钻入其他灵魂，使别的灵魂染上它们的恶臭，同时，它们还会在自己的粪便里混入猎物沾血的羽毛。

狐狸不仅会使人幻想破灭，它们还会引来死亡。我的房子、卧室和那间棚屋收留了被放逐的我、我的皮囊和装有福尔马林的瓶瓶罐罐。到处都是尸体。**但我从未将尸体视为死亡。**它们只是荒凉的小小半岛，它们在镶嵌小石子的墙后面伸展着，为的是能更完整地"活"着。尸体安静不动，它们不会溜走或振翅飞翔，只会方便我们的研究。但这并不代表它们再也不存在了，也不代表它们会威胁到我或我身边的人。而 11 岁那一年，我的想法变了，我在自然观察日记里写道：

> 2 月 2 日
>
> 我在梅菲尔德（Mayfield）山谷下的大草原找到一只死去的欧洲赤狐。赤狐的尸体已经腐烂，四肢也呈僵硬状态（我当时判定尸体死后僵硬，其实大错特错，尸体上有死蛆表示早就过了死后僵硬的时间）。奇怪的是，狐狸皮被剥得很干净，狐狸的头骨和其他身体部位也很完整。赤狐尸体上布满了蛆，蛆都死了，大概是晚上太冷了。我捡走了头骨（包括下颌和牙齿）和尾巴骨头，带回家煮沸，清理干净后再用漂白剂漂白。

下面还画了一张地图。

这篇日记读起来很呆滞，显然还有什么没写进去。没错，日记漏写了把我灵魂震得"嘎嘎"作响的惊吓。这只狐狸的死法与被士的宁毒死的大不同，而且狐狸死了是一件非常严重的事。除了雨燕之外，狐狸是我见过的生命力最旺盛的生物。我见过狐狸被一群精瘦、兴奋过头、神经紧绷的猎狗追逐。不论猎狗如何拼命狂追，狐狸都是一副从容不迫的样子。直到最后，最优秀的狗垂头丧气地坐下，任凭狐狸一溜烟跑走。如果连狐狸都死得这么凄惨，那么这世上就再也没有谁是绝对安全的了。父母、姐姐和我，都有可能随时死亡。坟墓之门悄然向我们打开了。

当时，我站在寒冷的草原上，突然又想：这只死得极其透彻的狐狸，比起同样死法的狗，依旧展现出了更强的生命力。于是一种本体论的势利想法从我心中油然而生：生命有高低之分。高等生物已经到达全能的境界，就连心脏停止跳动也夺不走它们的生命。怀着这个想法的我，成了一个欠揍的小混蛋。我再也恢复不了原状，同时也没有几个人能忍受得了我。回到本书正题：我认为如果要成为狐狸，首先我可以让自己充满生命力（好像很不错的样子），或者华丽地死去（这似乎更像是陌生人提出的建议）。

向狐狸学习更具多样性的三种能力

狐狸从更新世[1]冰河时期缓缓动身，慢慢经过铁路和运河边缘，逐渐走入市中心。它们属于保守党。郊区狐狸的数量与蓝色圆花窗的数量维持着完美的关系，有些狐狸喜欢象征富裕的花园，有些则往返于城市和郊区之间。很多狐狸（但不包括我的东区狐狸）都有一座绿意盎然的美丽乡村小屋，它们就像穿西装的男人一样，会不时拜访城镇，享受城镇随地可见的残渣和垃圾。另一群狐狸则选择栖身在地铁站旁律师的小木屋下，在此哺育、拉扯幼狐长大，偶尔也会去乡下放松自己、呼吸新鲜空气。

伦敦东区尽管充斥着笔记本电脑和鳄梨慕丝，东区人也绝不支持保守党。这里的狐狸过得相当拮据。虽然那些家里后院有小木屋、爸妈是律师的孩子喜欢喂狐狸，但他们的家也基本上是一处地板磨得光亮的小贫民窟，四周被高筑的水泥文件柜围困着，里面全是被归档的绝望。

东区人的脑袋比较小，比他们鄙视的野人还小。在过去的一万年中，他们

[1] 亦称洪积世，指从距今 258 万年前到 1.17 万年前的这段时期。

——编者注

的脑袋大概缩水了百分之十。而忠心耿耿的家犬，脑袋也跟着萎缩了。狗的脑袋大约比其直系祖先狼的要小四分之一。驯化总是让一切都萎缩。我们不知道居住在城市对狐狸有何影响，但是郊区狐狸的身长和体重这么多年下来完全没缩减。这并不意外。就连食物来源丰富的近郊（眼前净是鸟饲料、刺猬饲料，还有喜欢狐狸的中产阶级端出的佳肴），狐狸们还是会选择狩猎。

BEING
A
BEAST
狐狸与人类一样，天生懂得多元发展。所以我们都能战胜炎热、寒冷、干旱和单一文化。比起轻松拿起一块比萨，把糖醋酱舔得一干二净，狐狸宁愿保持足智多谋、体力充沛的状态。尽管更费力、更艰辛，它们仍会选择聆听、猛扑、探勘和创新。

人类选择了另一条路。几个世纪下来，我们个个成了患有硬化症的超级专家，关在狭窄的壁龛内，无法伸展四肢，脑袋也渐渐转不动了。我敢说狐狸走上的那条路，肯定会让它们的大脑越发灵活，四肢也越发如钢丝般有韧性。而同一时间，人类甚至都不愿意从沙发上撑着坐起来。

跟上郊区狐狸的节奏并不难，它们是在黎明时分出没的动物。身为生理全能的聪明动物，狐狸喜欢而且也适合在这潮闷的日夜交互时分活动。不过，东区的夜幕从不真正低垂，它只有肮脏的白昼和灼热的星夜。

超强适应力

对东区狐狸而言，黎明不是旭日初升的一丝曙光，而是依稀开始出现的来往车辆。声音和路面震动已经取代了光。当出租车把银行家们送去上班之后，狐狸就现身了。它们会在方圆约 1.3 公里的范围内展开大规模搜索，而且跟一般狐狸一样，它们也会藏匿食物。东区狐狸会觅食或猎食，接着找地方藏起来

（通常是随便埋一下），再继续觅食、猎食、埋起来，最后才回到埋藏地。柏油路面很难埋东西，所以狐狸们只能笨拙地将食物藏在大屏幕电视的装卸货盘和纸箱底下。最后，它们会在自己藏的食物中搜寻，挑走需要的食物（先挑最可口的），然后回家。

交通的"黎明"和自然界的黎明或多或少有重叠。震动的卡车驶过老福特路（Old Ford Road）；保时捷从金丝雀码头（Canary Wharf）呼啸而过；隆隆作响的公交车将一批批的人群吐进有着便利的空调和饮水机的开放式办公室。这时，狐狸已经舔掉了嘴上的香料烩马铃薯菜花，在棚屋底下蜷起身子，准备休憩了。

穿得越体面，越难当狐狸。虽然从来没有人说我穿得体面，但我很快意识到自己必须比平常更邋遢才行。穿着干净长裤和平整套衫翻找垃圾袋，看起来就像是罪犯，但是肮脏佝偻地翻垃圾，绝对不会有人关注。你会变得半透明，人们的眼光会直接穿透你的身体。越卑贱的人就越透明。如果你四肢着地，对着纸袋嗅闻，那你就完全透明了。唯一看得见你的是警察，但只要不睡觉，警察基本上也不会管你。

那天，我在杜鹃花下被摇醒。
"午安，先生。"
"午安。"
"有什么我能帮忙的吗？"
"不用，谢谢。我很好。"
"请问您在这里做什么呢？"
"只是小睡一下，警察先生。"
"恐怕您不能睡在这里，先生。您真的没问题吗？"
"我没事，谢谢。睡这里有什么问题吗？"

"这里禁止进入，我想您也很清楚。这是违法入侵。屋主不想让人进来只是睡觉。"

（只是睡觉？）

"我认为事实上，我并没有打扰屋主享有他这间登记在巴拿马的资产管理公司。"

"您是在耍小聪明吗，先生？"

我不知道怎样回答才可以不激怒这位警察。警察也没有再逼我回答，而是很快转移了话题。

"恕我冒昧，请问您为什么坚持要睡在这儿？"

"问是可以，但答案你应该不会满意。我正试着当一只狐狸，然后——"我说得飞快，眼睛不敢看警察，我能感觉到，警察那残存的善意正如洪水般退却，"我想知道一整天听着车水马龙的声音，只看着人们的脚踝和小腿是什么感觉。"

最后那一句真是个天大的错误，我一说出口就后悔了。对警察而言，小腿、脚踝、躲在常绿灌木丛里，这等变态行径应该判刑数年。我看得出来，警察正在思考我的邪恶行为应该归到哪一类犯罪，后续又要填哪些文书表格。最后，不确定性和工作负担胜过了他的直觉，于是警察只是说："回家去吧，先生。"最后两字他说得特别用力。接着，警察又开口道："找点正经事做。"

我回答："我正在做呀。"

警察以管教的眼神看着我拍去运动衫上的落叶，一路拖着步伐回家。

这段插曲过后，我不敢再以身试法，只敢睡在我家后院的防潮布下。

狐狸有时候会睡在高速公路中间的分隔岛。一小时3 000辆车从身旁呼啸而过，卷起的油渍旋涡里，夹杂着灰尘、橡胶、除臭剂、呕吐物，以及被荒唐命名的"动力"。我也曾睡在高速公路的边缘，躲在峨参和酸模的遮蔽下，想感受噪音和心悸的侵扰，结果被汽车文明的残暴吓了一跳。即便是大自然最具恶意的缠斗，如野狗扑上瞪羚宝宝并用力撕扯，也比暴力的公交车或火车温柔得多。

狐狸听得见 100 米外"吱吱"叫的田鼠，以及 500 米外拍翅飞过耕地的秃鼻乌鸦。当狐狸跟疾速行驶的货车相距仅 10 米时，肯定会感到生不如死吧，那简直与在龙卷风里没两样。就连有人打喷嚏、打鼾、咕哝、低哼、呻吟、翻身，都会让市中心的深夜听起来像是欢腾刺耳的游乐场。

狐狸的超强适应力令我甘拜下风。我可以从知识方面或至少从心理层面去理解拥有另一种动物的敏锐感官是什么感觉。但是敏锐感官再加上强大的忍受力，这就不容易理解了。这不只是为了生存而不得不忍受，例如獾因为理想栖息地越来越少，而只得勉强窝在铁路堤岸旁。狐狸似乎挺享受荒诞怪离，它们喜欢炫耀自己能在客观认定的恶劣环境中活得很好。狐狸不需要我替它们大声向世界疾呼"把大自然还给狐狸"，这点搞得我既恼火又困惑。狐狸是这世界真正的居民，而我不是。我恨它们能适应得比我好。不论生理或心理，我都无法理解狐狸是怎么办到的。**想必得是真正见多识广的生物，才会愿意做出代价重大的妥协。**如牺牲听力换取更佳的视力，或者牺牲味觉换取更多的视觉。一个通才怎么当得了专才呢？但狐狸就可以。我真是对它们佩服得五体投地。

心灵交会力

我恨东区。我在笔记本上愤恨地写道："这地方太令人反感了。"

这座难民营盖在水草之上，现在则成了济贫工厂，大多数人被穷困或富裕困在这里逃不掉。很少有人会把这里当成家，而真心爱这个家的就更少了。几乎没有人真的住在"这里"。人们借助外太空的卫星获取信息，从泰国空运食物，从东亚空运低廉的衣物，再从瑞典海运装着家具的钢铁货柜。不过，我想这也不算太遥远吧。毕竟我们还都是星尘做的呢。

狐狸也是星尘做的，也吃着泰式咖喱鸡，但它们却是真正的"当地"动物。狐狸知道每平方米水泥地的味道，从 7 米的高度欣赏每一片地衣，也从 45 米的高度欣赏地面；它们知道 17A 的入口底下有个老鼠窝，29B 的雪松栈板上有大黄蜂；它们还目睹了 S 太太乏味的出轨剧目，K 先生被强行带走，M 家双胞胎的精神失常，即从自家后院的残忍行径演变成更糟糕的症状的过程。狐狸摸透了大型客机和灰雁的飞行路径。在小木屋底下，狐狸和牡蛎安卧在一起，正是那些牡蛎使得当地的维多利亚人染上了伤寒。狐狸一个晚上会在附近走动近 8 公里，而且是全神贯注地走。

但狐狸都待不久。做一只都市狐狸既刺激又危险，每年有 60% 的伦敦狐狸死亡，88% 的牛津狐狸活不到第二年。狐狸懂得家破人亡是什么意思。一对狐狸在第一年交配生育之后，只有 16% 能够一起活到第二年的交配季节。**狐狸不只理解家破人亡的意义，它们也能跟人类一样用心去感受。**而它们哀戚的声音也跟人类很像。

戴维·麦克唐纳（David Macdonald）在牛津进行过诸多意义非凡的狐狸行为研究，他自己也养了狐狸当宠物。麦克唐纳说自他搬离公寓之后，一直没有下一个房客承租，房东觉得莫名其妙。我想不是每个人都像我和麦克唐纳一样，能接受狐狸尿液的气味。

有一次，麦克唐纳养的一只母狐被除草机转动的叶片伤到了，一条腿只剩一缕肌肉组织还连在一起。心疼不已的麦克唐纳太太打算将母狐带走，结果正要上车的时候，一旁的公狐竟试图把母狐拉走，就连车子已经发动上路了，公狐的眼神仍盯着车不放。隔天，母狐的姐姐从食物藏匿处咬走了一口食物，并且发出要喂幼狐的叫声。在这之前，她已经超过一年没发出过这种呼声了。母狐的姐姐将食物带到前一晚母狐受伤流血的那块草地上，把食物埋在染了血的草叶下面。

我深受感动，也因此狐狸是我拟人化最多的动物。**比起其他动物，我更有自信可以正确地解读狐狸的行为**。

狐狸和狗大不相同，它们生物分类学的"属"就不同。这两种动物从1 200万年前就分道扬镳了，它们的染色体数量从那时起便开始出现差异。家犬（被驯化的狼）有78对染色体，赤狐只有34到38对。就算有一只发情的公狐在附近游荡，你也不必急着替家里的贵宾犬投药。不过，我们还是可以从狗身上学到关于狐狸的某些事。

狗是跟人类相处的专家。在过去的50 000年里，人类都是按此标准对狗进行严格筛选的。狐狸则不然，进化将它们推向了另一个不那么温驯的方向。不过，要说狐狸拥有狗的原始心智处理能力，倒也合理。如果上述推断正确，我们大可以从狗的行为能力看出狐狸在这方面的潜能。狗非常擅长模仿复制以及建立关系。它们学习人类动作的能力与16个月大的婴儿无异。狗懂得仔细观察人们眼睛或手指的方向，看得懂许多人类社交暗示，并且它们还想跟人类一起行动。

有些狗的记忆力很好。不过我们不能因为某些特例，就以为那是常态。但至少了解正态曲线的两端，我们便可以大致估出狗的平均表现。我们来看看2001年，德国电视台播出的关于一只名叫里可的边境牧羊犬的故事吧。里可认得200个玩具的名字，不管叫哪一个名字，里可都能咬出正确的玩具交给主人。里可记忆新词的速度非常快。每次多放一个新玩具，为了认出新玩具，里可的脑袋想必都会历经以下过程："我认得其他玩具，但这个没见过，所以新名字一定指的是这个玩具。"如果主人把新玩具藏起来，半年后再拿出来，里可答对的概率仍有五成。新名字已经变成里可脑中词汇的一部分，仿佛随时可以加入由乔姆斯基学派（Chomskyite）[1] 提供的模板。此外，还有另一只名叫贝兹的狗。根据匈牙利实验室的测试，贝兹能记住 300 个以上的词汇。

狗的这些能力和倾向显然与情绪（对，我说出口了，动物也具有情绪）有关。狗与主人已经建立起关系，所以主人离开时狗会出现分离焦虑的症状。而主人回家的时候，狗又会冲到门口迎接，又跳又转圈，就像婴儿重回母亲怀抱一样开心。小时候，我常在德比郡皮克山区（Derbyshire Peak District）的豪登沼泽（Howden Moors）散步，那里有一只叫提普的牧羊犬，独自伴着主人的尸体度过了荒凉又危险的 15 周。

我不相信狐狸使用大脑内存的方式会跟狗截然不同，也不相信狐狸完全不具有狗的这些特征。狐狸的记忆力很强，它们记得几周前藏食物的地点，甚至记得当时藏了什么食物。它们会对自己说："那棵扭曲的栎树左边有一只堤岸田鼠，荨麻底下有一只鼹鼠。"我们知道狐狸自有一套词汇，这是通过精密的方法产生的（其中至少有 28 组声音、40 种基本发音形式）。一只狐狸的叫声只属于那只狐狸，不能视为一般狐狸的叫声。举个例子，研究人员抓到过一只仅有单一伴侣的公狐，这只公狐只对伴侣的叫声录音有反应。

这些狐狸在建立关系方面肯定跟狗一样，只是动物建立关系的对象通常只

---

[1] 又称衍生语法学派（Generative Grammer），该学派的创始人和代表人物是当代美国著名语言学家诺姆·乔姆斯基（Noam Chomsky）。

——译者注

跟动物有关（狗和人类建立关系算是不寻常的现象），狐狸也一样。听了麦克唐纳那只受伤母狐的故事后，谁还会怀疑狐狸建立关系的能力呢？

麦克唐纳还有另一个故事。一只温驯的公狐脚掌被刺扎伤了，引发了败血症。母狐的头领在公狐生病期间天天带食物给它吃。这件事很反常，因为成年狐狸通常是不愿意让出食物的。当然，这是一种互利行为。母狐多少期待自己生病的时候，公狐也会反过来照顾它。但这种期待心理不表示母狐对伴侣就没有半点情感。我对小孩的爱、我为他们做的牺牲，确实在某方面受到了进化论的驱使，使我希望他们能带着我的基因茁壮成长。但这不代表他们受了不妨碍繁衍功能的伤后，我就不心疼，也不代表孩子逝去对我造成的心理和生理冲击，仅止于哀恸我的基因无法传承下去。

我更相信麦克唐纳的那些故事，以及从那些家犬身上获得的信息。**狐狸是重视关系、充满同理心的生物。**你尽管大喊"这跟你不以为然的彼得兔又有什么两样"吧，我不在乎。就目前所知，狐狸主要跟有来往的特定同类建立关系，展现同理心。这是新达尔文学说的主张，基本上没错。但是一旦拥有建立关系、同理他人的能力后，就很难再只用在特定对象的身上了。这份同理心会逐渐溢出，蔓延到其他与进化无关的个体和物种身上。人们明明知道捐款不会得到回报，但还是愿意捐钱救助挨饿的孩童。有些人甚至匿名捐款，不求掌声和赞美。

当我蹲在大蚊和那对狐狸身旁时，我就是这么告诉自己的。那对狐狸有能力与我建立关系，它们也没有理由不这么做。有几次，狐狸对上了我的眼神，那是在约克郡的树林里、科尼什（Cornish）的峭壁上、以色列海法市（Haifa）附近的树丛中，以及希腊伯罗奔尼撒的海滩旁，甚至有次狐狸与我对望了整整一秒钟，那时我心想："这就对了！"我们可以靠原始的语言做自我介绍，我们不必像地球和"婴儿潮"星系（Baby Boom Galaxy）[1]那样，永远无法相会。就算那些漫长的眼神交会时刻结束了，我还是可以对狐狸说："嘿，我们都是有血有肉的生物，淋到流入大海的雨后一样会变成落汤鸡，而且我们现在都在'这里'！我在'这里'，你也在'这里'！"——通常进展到这地步，双方就会找一间酒吧好好聊聊了。

多样认知力

住在东区时，我常常会放弃辣酱西红柿通心粉，改到街上晃晃，翻找垃圾桶，搜索里面的"好料"。就算是厚重的黑色垃圾袋，狐狸也能立刻闻出袋子里是否有晚餐。至于我，连闻一个薄薄的塑料袋里的东西都成问题，只能打开袋子一探究竟。我天生讨厌人类的口水，吃厨余垃圾实在不是一件令人愉快的事。所以我作弊了，不管找到什么料理，一律掺上各种香料，仿佛某种消毒仪式，至少可以消除别人流着口水的画面，把食物变成我的专属料理。一开始，我试着像狐狸一样藏匿食物，后来食物变质得太厉害了，使我不得不放弃。有一次，我把饭藏在锡箔盒子里，结果再回去找时，就看到三只棕鼠正把鼻子埋进饭里，活像小猪围着饲料槽进食。要是换成狐狸，早就把老鼠当成开胃菜吃了。

食物本身不错，但是吃来吃去总是那几样。如果伦敦东区跟其他西方世界一样，那么人们买来的食物有 1/3 会进入厨余垃圾桶。我天天都有吃不完的比萨、香料烤鸡咖喱、蛋炒饭、吐司、薯片和香肠。但吃来吃去也变不出新花样。作为英国社会最丰富多彩的地区，大家吃的食物却如出一辙，始终没有变化。而东区的狐狸却比人类有新意。它们吃比萨、香料烤鸡咖喱、蛋炒饭、吐

---

[1] 是一个距离地球 120 多亿光年的"恒星工厂"，其生成恒星的速度每年最多可达 4 000 颗，而银河系生成恒星的速度平均每年只有 10 颗。

司、薯片和香肠，以及鼹鼠、堤岸田鼠、家鼠、路上各种被车撞死的动物、当季野生水果和空运来的非当季南美洲与非洲水果、金龟子幼虫、夜蛾幼虫、甲虫、下水道排水口的鼠尾蛆、蠕虫、野兔和没被关好的家兔、沾沾自喜或动作太慢的鸟类、橡皮筋、碎玻璃、肯德基包装纸、可以困住肠道寄生虫或刺激呕吐、治疗肠道的草药，以及其他林林总总的"食物"。只可惜狐狸对猫没有兴趣。

绕着垃圾桶溜达的时候，我会眼观六路，耳听八方。我发现不管是独门独户的垃圾桶，还是公寓的公共垃圾桶，它们都有一个特点，即千篇一律。每个人的饮食文化看来都差不多。一个下着毛毛雨的 9 月夜晚，我站在人行道上，一边吃着捡来的派，一边向每扇住宅的窗户中眺望。闪烁的玻璃告诉我，这一带有 73 户人家在看电视，而其中 64 户（整整 64 户！）的闪烁频率很接近，显然他们是在看同一个节目。

没有哪两只狐狸会盯着同一个东西看。就算是一家子狐狸偎在一起，每只狐狸不是在闭目养神，幻想着鸡舍、吃不完的田鼠、印度炸洋葱，就是在以不同的角度向四周张望。狐狸的嗅觉和听觉会受各种因素影响，包括从建筑工地吸进鼻子的水泥粉尘的数量、耳朵的角度、从小跟着父母养成的习惯等。这些因素的差异会使得每只狐狸的嗅觉和听觉敏感度都不一样，对眼前景色的认知自然也不会相同。

人类的鼻子也有阻塞的时候，站在同一空间中的不同位置也会影响听觉。只不过我们的感官太迟钝、心思又太驽钝，根本没有发现这些差异。我们空有一双敏锐细腻的手，却总爱带着厚手套去感受世界。若是摸半天摸不出个所以然，那么就会怪罪这个世界无棱无角。

"俯身贴地"才能了解生态圈

我差点要放弃伦敦了。是狐狸的信念和它们对生活的全心投入感动了我，于是我决定再给这座城市一次机会。我想，如果我能像狐狸一样近距离观察伦敦，或许可以看到伦敦真正的面貌，进而爱上它。讨厌是一件累人的事，希望狐狸能帮助我卸下重担。

住在伦敦时，我几乎麻木不仁，就像赞美诗里受诅咒的可怜鬼。有眼睛却看不见、有鼻子却闻不到、有双手却感觉不着、有耳朵却听不到。人们老是说全世界的大事小事都在伦敦上演，这里是现实生活的缩影，等等。有时候，我可以微微感觉到有事情正在发生，但是似乎很遥远很模糊，闷闷沉沉的，仿佛我正站在高耸的崖边，想望穿藏在云层底下的海水。于是，在视觉、听觉、嗅觉都失灵的情况下，我开始跟着狐狸走。走到后来，狐狸用牙齿咬着我的衣领，带我游历了四座小岛。我的感官功能在小岛上十分正常，我可以感受并描述事物。古老的阿特兰蒂斯城依然沉在水底，如果我待得更久，坚持跟着狐狸走，说不定狐狸会带我造访更多的岛屿，或者直接拉着我潜入海底，或者干脆举起整座阿特兰蒂斯城，好让我上岸品尝啤酒、光着脚跑上山丘，感受土地的温度。

我从没到过岛屿以外的地方，也不明白到底是什么在推着东区滴答运转。或许守护神就镇守在岛屿的深沟海槽里，我永远也无缘跟他或她见上一面。不过为了向自己描述那些岛屿，我画了一幅群岛地图。群岛自有其独特风味，群岛也可以是受人喜爱的国度。我最想拥有的情绪就是喜爱。我厌倦了憎恨。要是我当初认为，喜欢上一座城市与了解当地的狐狸是两码事，那么我宁愿选择前者。但现在每嗅闻一处草地、爬过一条街道、翻找一个垃圾桶，我都会更加确信这两件事其实就是同一件事。

有人可能以为我在岛屿上体验到了某些事，这体验虽然胜过麻木不仁，但却无法与一般生活体验相提并论。事实并非如此。**我相信狐狸所见、所闻、所听的都是真实的事物，而它们带我去的小岛也让我感受到了真实的事物。**狐狸把它们的眼耳鼻脚都给了我，但一离开岛屿就又收了回去。狐狸是真正的东区居民。它们居住的方式独一无二，要是没有它们帮忙，我根本就学不来。狐狸的居住方式也反映出城市本身的样貌。住在东区时，我的居住方式只反映出我自己，或者说我眼中的这座城市。不论走到哪儿，我的面前总是挂着镜子，以至于我在笔记本写下的都是自己的模样，我还将其称为自然写作。

如果看着狐狸的双眼，你不会看到自己的倒影。狐狸的瞳孔垂直，根本不会满足人类的自恋心理。现在，绕到狐狸后方，从它的眼睛看出去，你会看到一摊混着咖喱的呕吐物、一只刺猬、一排排挤在早高峰里的 4 辆并行的车子。眼前不再是你在镜中的倒影，而是事物本身，或是与事物本身无限接近的现象，这会使你看得比平常更清楚。眼睛本来就是感觉受体，狐狸的大脑把眼睛当成是感觉受体，而人类却硬是又加上了知觉，把眼睛给毁了。狐狸之所以在从视网膜看见刺猬到大脑建立心智模型的过程中，不太会受到干扰，并不是因为它们缺乏意识，而是因为它们的意识会较少地受到自我膨胀和假设偏见的毒害。

一旦高度超过地面 60 厘米，你就看不见"狐狸岛"了。因为这些岛屿是建立在嗅觉基础上的，所以，你应该俯身贴地地前行。以下便是 4 座"狐狸岛"。

味觉之岛

这里有很多店家，什么都卖，直到深夜才打烊。店里飘着酥油、肥皂、豆蔻、芫荽和打火机燃料的气味。老板从未显露过兴奋之情。店家旁边的小巷堆着木箱，上面用特制墨水盖上了印章。墨水来自巴巴多斯岛国（Barbados）、孟加拉国和几座太平洋岛屿。木箱下既柔软、甜腻、潮湿，又充满酒味。我躺在发酵水果做成的小筏上漂浮。当转身不小心压到黄蜂时，黄蜂已经醉到蜇不了我了。

我学狐狸趴在地上。前面几米处竖着一道墙，湿气蔓延到数十厘米高的墙脚。剩余的墙面一直攀升到网眼窗帘布做成的船帆后，船帆在出租车行的桅顶随风翻腾，墙面则干得像烤吐司，也和吐司一样索然无味。幸好旁边地上有着正在扭动的奇观：银色蛞蝓花雕窗；缓慢移动的木虱正游过空中，一如三叶虫宝宝正在寒武纪浓汤里奋力划动；蜈蚣穿上铜色护甲，像一群法国雇佣兵一样将盾牌高举过头，蛇行涌向哥特人的高塔；地衣遍地绽放，简直像是威廉·莫里斯（William Morris）[1] 操刀皮肤手术后皮肤的结痂形状；此外还有如腋毛般的苔藓。

一个来自莱索托的纸箱上出现的裂缝，正好半框住一间浴室的窗户。浴室里的女人很美，男人却不俊。为什么她要留下来？但这不是狐狸会有的想法。低头一看，那里有一株西蓝花，覆盖着新鲜的沃土，跟 5 月的马栗一样圆墩墩的。有虫爬到小筏上面。那是一条又肥又醉的虫，身上挤出的粗厚环带，就像强调忠贞不贰的婚戒。狐狸肯定会像吸意大利面一样，一口吸掉肥虫。一条虫的热量是 2.5 卡路里，成年狐狸一天要摄取 600 卡路里，所以这等于狐狸一天所需热量的 1/240。狐狸大多会吃蠕虫，而根据粪便中的土壤和蠕虫刺毛来看，有些狐狸似乎算得上是吃虫专家。靠虫过活是个安全又懒惰的方法，就像专门靠立遗嘱为生的律师。

---

[1] 英国艺术工艺改良运动领导人之一，为知名壁纸印花和布料花纹的设计者、画家、作家和家具设计师。

——译者注

触觉之岛

水泥路和柏油路在公园某处交会。冬天把水变成了楔子，穿破水泥，裂缝如树枝般茂密延展。骤发的洪水（人类看不见，但对蚜虫而言可是滔天巨浪）用泥土填满裂缝，土里满是从游乐场附近未清理的狗屎中长出的蛔虫卵。风由水泥卡车和白色面包车的后视镜推送着，在土壤种满青草和缤纷蔓生的千里光。这些千里光的祖先说不定曾在肯特郡毒死过几匹野马。如果赤脚走在这条水泥路与柏油路的交界处，你会发现水泥踩起来不只坚硬，而且还跟干酪磨粉器一样充满尖锐的坑坑洼洼。水泥路不欢迎任何人登堂入室，而太阳也并不想久留；柏油路则像一块温暖的海绵，天冷时踩上去也不冰，等气温高一点，路面就会伸出柏油触手，牢牢攫住你的双脚，在脚底留下黑色藤蔓般的文身。

狐狸的脚莫名敏感。这些城市狐狸一晚跋涉 8 小时，因此它们的脚掌摸起来像是送进烤箱烤了整晚的浸了牛奶的丝绒，出炉之后还多了一层脆脆的表皮。狐狸的脚跟脸一样，一路延伸到毛发轮廓后面。它们的腕骨有着细小的刚毛，连接着它们皮肤底下的神经丛。某天，一只年轻狐狸在生物学家休·劳埃德（Huw Lloyd）生起的火堆旁睡着了。劳埃德轻轻触摸狐狸脚上的刚毛，狐狸没醒，却把脚缩了回去。在比保养良好的运动场地更大的乡间，地上的青草会贪婪地抚摸那些细毛。想象你走路的时候，长到人脸那么高的蓟花舒服地钻进你的鼻孔里，那就是狐狸踏过春天林地的感觉。

这种触感好像太丰富了，其实没有必要这么舒服。看看那些步伐凝重的畸足有蹄类动物，它们的神经末梢被锁在蹄子里，即便这样，它们也仍会满足地在崎岖的路面上跳舞。我还以为天择机制会更节制地表露出对于狐狸的偏爱呢。

视觉之岛

我以为小树是从地面直直往上升起，然后才像蘑菇一样长胖，或是像胡萝卜一样变瘦的。没想到我错了。就连最瘦骨嶙峋的树干，底下的树根也会长得又宽又广。矗立在地面上接触阳光的部分，其实只是负责供食的厨房。躺在地上的人一定会注意到这件事。就像我盯着一棵树盯了 3 小时后发现的那样。那棵树的肩膀倾斜，显然埋在铺面底下的是一副苍白的躯体。那棵树在撬开了院子坚硬的表层后，累得猛跌在围篱上，被头的重量压得低垂，就像醉汉承受不住满脑子的啤酒，只得一头栽在餐桌上一样。蚂蚁、甲虫和耳夹子虫各自遵循事先勘查的道路，从树肩倾泻而下，流成一道道长脚的奇光异彩。它们正在前去觅食的路上，猎物非生即死，有时生死界限也未必那么分明。

我无法四肢着地在东区树林间奔驰，因为东区的树少到称不上树林。但我已经在其他许多地方用尽全力跑过了。坐着雪橇快速滑下森林所看到的景象，就是狐狸眼中的树林模样。狐狸跟许多猎食动物一样，双眼长在前端。狐狸眼中的甲虫应该跟我看到的差不多，但是在奔跑时，我应该可以比狐狸更快认出周围的树种。树木对狐狸而言，就是一根根暗色的柱子，有时还会突如其来弯下身挡住去路。在电玩城玩过摩托车和赛车的人应该懂得，计算机模拟的开车或骑车跟真实的感觉很不一样，但是跟当一只狐狸相比还是挺接近真实的。

我试着学狐狸朝院子里的那棵树冲过去，结果膝盖磨破了皮。隔壁的女士一脸紧张地拉开窗帘，想看看我是否无恙。

嗅觉之岛

我用鼻子将一片放了很久的比萨翻面。比萨就掉在后院，不晓得老鼠、小鸟和狐狸怎么没来吃。虽然已经一周没下雨了，比萨还是透着湿气。意大利腊肠上面冒出茂盛的一层绿绒毛，有人类咬痕的那一侧，绒毛则薄得多，或许是因为人类口中的链球菌是一种浓缩溶液，会跟霉菌激烈竞争地盘。饼皮的那一面俨然是一座地铁，上头的隧道像忙碌的高峰时段，塞满了相互推挤的象鼻虫。黑色甲虫（我总觉得它们是机械大军，应该不需要进食才对）则在一旁指挥拥挤的群众。

　　不过最令我感兴趣的是气味。从整体上来看，这片比萨的气味是分层的。最上面是金属味的西红柿和不快乐的猪身上的脂肪，中间掺杂着孢子（孢子应该散发死亡的气味，但实际上一点气味也没有），下面则是发酵的酥脆面团。西红柿和地铁中间隔了不到 3 厘米和整整两周。但是，重点来了，我才闻了一毫秒，两种气味就同时进入了鼻腔。气味可以把历史层层叠起，打包装箱。比萨只是一个小例子。拿一块前寒武纪片岩闻一闻，两三种 10 亿年前的感官会一下子送到你的神经系统门口。古老片岩承载的感官十分稀薄，大多数气味分子早已附着到其他躯体和结构上，剩下的则牢牢包覆在某种古代的保鲜膜里。当狐狸走在贝思纳尔格林的路上时，它的每一口呼吸都会立刻转化成横断面，往回穿越 5 年、50 年或 500 年。狐狸就活在那些年代里，而不在这条柏油路上，不在垃圾桶之间。时间被气味密实压缩，时间才是狐狸真正的地理学。

　　一块比萨还不足以自成一座岛，充其量只是一个路标、一片新鲜浮木，告诉你，现在离岛屿越来越近了。这片浮木来自一座由树墩形成的岛屿，树墩衰败而柔软，旁边躺着一只破掉的垃圾袋。树墩像一片石蕊试纸，吸饱来自垃圾袋的液体，从而判定垃圾袋的本质和先祖。气味是判定的依据，而那气味的本质则是历史、人类学、商业、堕落、粗心、焦虑和所有存在于里头的形容词。我闻一次就全都闻到了。

　　我想这树墩本来应该是一棵莱姆树，但是它真正的名字已经被雨水和黄蜂侵蚀了，被垃圾袋流出来的咖喱冲掉了。这座树墩有很多孔隙，将记忆存放在这间宽敞银行中很安全。说不定这棵树是在一个世纪前种下的，理由是什么，当初种树的人也说不清：当初没有语言可以形容"喂养黑色外套底下那颗跳动的荒野之心"这类动机。大约半个世纪过后，这棵树死了。由于它曲张的根脉把隔壁院子装饰得太有趣，于是隔壁人家就把树根砍断了。莱姆树死去之后便开始堆积气味。毕竟生前大多数时候只有自己的气味。我把垃圾袋移走，连续几个夜晚睡在树墩旁，鼻子凑近它的腋窝。

鼻子经历了三个阶段。我先是闻到了老树的气味，并在脑海里将那气味形塑成尸体。接着，鼻子把气味剖开（这鼻子可是又大又尖锐），开始进行验尸分析。鼻子首先切下一块柴油，这可能来自 20 世纪 70 年代中期，先将柴油放在碗里，待会儿再详细检查；然后鼻子又挑出一段暴风雨，那是第二次中东战争时期吹来的，也先将它暂时放一边。取出这两种气味之后，鼻子快马加鞭：上个月的经血、企图带动托儿所欢快气氛的举动、一份野心过大结果没人捧场的越南经典料理，以及豆类，超多豆类。将这些全都放入碗里。鼻子在碗的旁边打转，骄傲地看着分析成果。过了一会儿，鼻子慢慢发现，解剖等于谋杀。于是，鼻子又把零件一个个拼起来，恢复成最初未受检验的形状。一次端上一大碗，一瞬间就是一世纪。

我认为这就是狐狸分析气味的方式。但狐狸可以在一瞬间内待得更久，看得更透彻。没错，狐狸会专注在它感兴趣的事物上，就像我会驻足在新画廊中那幅特别吸引人的作品前面一样。只不过狐狸可以瞬间横扫千年，而我最多只能扫视整间画廊。狐狸会在一千年的片段中偶然发现上周的排骨，或是前一分钟的田鼠，但在那之前，整整一千年的扫描已经瞬间完成了。

只有鼻子可以进行这种穿越时光的旅行。眼睛和耳朵也可以穿越时光，只是我们没发现，因为光线和声波速度太快了。我们看着数百年前传来的星光，在名为视网膜的调色盘上，将它和隔壁薯条店一微秒前发出的细碎光线糅合成另类的颜料，再用那颜料替所谓的现实世界上色。事实上，现实就像是一杯鸡尾酒，被我们倒入某些特别难熬的时刻后，又会被我们用自我摇一摇拌匀。

以上就是我造访过的四座小岛。一艘水果筏、某块水泥地的边际、一棵树以及一座树墩，都是狐狸带我去的，也都是狐狸的生态圈。

　　纯粹就美学而言，不论是在公交车上或是在书房里，我都更喜欢狐狸的视角。因为从狐狸的视角看出去，世界更美，也更有意思。就绘制地图而言，我后来认为，狐狸眼中的东区比我的更准确，里面涵盖的信息也要丰富得多。它们看得更仔细，同时也更广阔。狐狸看得见蚂蚁腿上的细毛，也闻得到地球成形以来所有翻滚、喷射、煮熟和生长的东西，它们的嗅觉随时随地都在欢腾放纵，它们的生态圈更丰富，相信我，真的如此。

狐狸带我看见了伦敦的古老与深邃，我值得为此安心住下来。是狐狸让我和东区暂时握手言和，说起来，这也让我和其他肮脏、悲惨、破旧的人类居所一时达成了和平，这份礼物十足美好。可惜我只见识到岛屿，还没看到完整的市容。城市就在岛屿之间的水面下朦胧晃动。而我的水生狐狸啊，没有什么是它们看不清的。

与生存环境的关系决定你的生存状态

时光旅行不只存在诗歌里，狐狸会利用时光旅行狩猎。如果田鼠从狐狸身体中线任一侧的不同角度发出"吱吱"声，那么声波抵达狐狸耳膜的时间点和强度都会有所差异。一点基本三角学知识、丰富的经验加上超多次扑空，狐狸的大脑会一点一点地慢慢修正。虽然难度比较高（进化已经利用只能发出单一声音的物种表明了这一点），但是狐狸也能找出单一、连续的低吟来源。声波的不同部位会在特定时间点撞进左右耳：如果波峰震动右耳，波谷就会震动左耳，只要利用中间的差异就能找出声音的来源。不过这个方法并非万能。如果狐狸的头静止不动，声波的定位就会从一个点变成美丽的曲面，从声波来源一路延展到狐狸的头部。狐狸没办法沿着平面上的每个点不断跳跃以击中猎物，所以它们找到了两个更聪明的方法。

狐狸会先动动头或是耳朵。这样声音来源和狐狸之间的曲面就会发生变动，由于来源本身是静止的，因此只要比对前后两种曲面，狐狸就可以缩小范围了。转几次耳朵、摇几回头，狐狸就有足够的自信跳出那一步。同时，狐狸还有另一种惊人的细微修正法。

拥有磁力

如果想了解这个方法有多惊人，建议你先去附近最脏最乱的公园观察正在排便的狗。如果天气晴朗，那么狗喜欢把身体对准南北向排便。天气晴朗时的地球，磁场是稳定的。但是磁场并不总是平静的：当地表下的熔岩因愤怒而开始翻搅时，地球表面就会卷起狂风暴雨。不过，只要牛鬼蛇神不作乱，狗的肠胃就会紧紧拴在世界的中心。

目前还不知道狐狸的肠胃是否也会受地球磁场的影响，但是答案也许是肯定的。狐狸绝对有适应地球磁场运转的可能。它们经常向着东北方朝小型哺乳类动物扑去，而且这种方向下的捕食成功率更高。东北向攻击的成功率是73%，西南向（跟东北向差180°）则是60%，其他方向则只有18%。这种行为（目前仅知狐狸有此行为）是利用磁场来计算攻击距离，而不是位置或方向。

距离比起其他两者更重要。不过，有各种因素会干扰狐狸进行距离计算。例如，气温和湿度会改变声波的速度，使得三角学计算出现误差；声波也会在草茎之间迂回蛇行，在枝丫之间弹跳，一会儿灵巧地钻入地下，一会儿又乘风嬉戏。田鼠常走的路径几乎长不出青草，因此没有窸窣声会替狐狸通风报信。就算有草，徐风也会替田鼠遮掩行踪。如果距离掌握不佳，狐狸可能根本就没有机会再次重整旗鼓，发起攻击。

所以狐狸习惯朝着磁场的固定角度（偏离正北 20°最佳）跳跃，它们很熟悉这个角度发出的声音。磁力线和声线交会之处，猎物就在那里。还记得英国空军精准投下弹跳炸弹，轰炸德国鲁尔水坝的事吗？[1] 当两道聚光灯在水面交会时，飞行员就能知道他们已经来到了正确的位置，是时候该按下投放按钮了。狐狸的狩猎也是同样的道理，只不过它们的聚光灯是声波和磁场，炸药则是力量爆发时的延伸腿筋以及其他约一百条充满血液、淋巴细胞和饥饿的肌肉纤维。真实感受到地球的方位是什么感觉？我也会像狐狸一样转头试图对准声音来源，但是假如能靠体液判断西北方位呢？**那表示我的每一步从此都有凭有据，我将和世界万物建立起紧密联系。**以前我只会挑个地点制造各种脏乱，从今往后我将是真正的地球居民。

有一次，我在酒吧听到几位老妇抱怨世道衰微。当然，问题都出在年轻人身上，现在的年轻人跟以前不同了。别把这些老妇人想成是闲着没事做、不懂尊敬或烂醉如泥的低下阶层（就算这是实情），换个有趣的角度，她们只是对地球磁场过于敏感罢了。

"你知道吗，那些家伙说教会全都是沿着磁力线连成一条的，与古老山丘之类的在同一条线上。"

---

[1] 第二次世界大战期间，英国空军轰炸德国的鲁尔水坝。1955 年，英国将此事拍成电影《轰炸鲁尔水坝记》(*The Dam Busters*)。

——译者注

"不会吧！"

"真的。你听我说，他们说这国家到处都是磁力线，古代人早就知道这回事，所以把房子都盖在了线上。"

"胡说！"

"真的，说不定我现在就坐在线上呢。我的屁股好像有点麻。"

对话就这样继续下去：屁股麻、胸部麻，那条难看的长裤也跟着带电了；从贝尼多姆（Benidorm）买来的二手壁炉找人看过风水了，等等。老妇们彻夜都在"咯咯"笑着，我则点了一瓶原本以为不需要的啤酒，试图麻痹自己，并埋首于《绿斗篷》（*Greenmantle*）[1] 中。

被老妇嫌弃的年轻人说得对。随便找一只狐狸、丛林居民、正半蹲着排便的狗，或是现代文明之前的任意一人，他们都会点头称是。除了埋葬和直接踩进土里之外，是磁力将人类定在地球上的。

我们是吸在冰箱上的字母磁铁，要想拼出有条理的单词，唯一的方法就是待在原地不动。如果像旧石器时代晚期那样不带磁性，人类就会盲目失根，不晓得身在何处，无法与土地亲密相处，更不明白自己是谁，又为何出现在这里。至少我在滴到啤酒的笔记本上，是如此自以为是又幼稚地写下这段话的。

也许是我夸大其词了。

当狐狸以偏离正北 20° 的角度准备出击的时候，其实只是像乒乓球选手转动手腕一般，以求拉出角度最大的上旋球。但无论如何，这个角度绝对是刻意对准的。于是斟酌之后，我认为自己并没有夸大，因为世界顶尖的乒乓球选手

---

[1] 约翰·巴肯（John Buchan）于 1916 年出版的惊悚小说。

——译者注

和球桌的关系也是如此微妙。对我来说，那张球桌仅仅是一块木材；对选手而言，那却是展现奇迹的舞台，也是绣出绝无仅有的美景的刺绣架。这一切都是因为选手和球桌建立起了关系。所以说，没有磁力的我，只能把这世界看成是几片木材，而不是国际乒乓球锦标赛的专用球桌。反观狐狸，可是在不分昼夜地打乒乓呢。

忠于自我

东区这一带的教堂庭院和运河堤岸太整洁了。虽然仍有田鼠出没，但草坪却短到无法狩猎。我必须用蛙式游过整片草地，试图找到田鼠的路径。那路径就像叶绿素回廊，沿着回廊，我才得以化身为狩猎的红隼，在田鼠上方盘旋。狐狸可以从静止不动的姿势，水平地一次跃出 3 米远，把田鼠钉在地上。这就好比我一口气跃出 8 米远一样。狐狸也能跳得很高，或许是为了将狩猎场尽收眼底，就像猎鹿人爬到高处侦察地形一样，只不过狐狸早已靠听觉和磁力锁定了目标，只需要在最后出手前再微调一下。

我捕猎田鼠的时候，完全不需要跳高，我的视线水平本就已经远远超过运动神经最发达的狐狸的跳跃极限。我的耳朵完全派不上用场。老鼠的"吱吱"声频率很高，人类只听得见其中一部分，其余的就属于超声波范围了。狐狸的高频听力比我们强得多，它们对 3 500 赫兹的声波最敏感。对于这个频率的声音人类也可以听得很清楚，人类对 1 000 至 3 500 赫兹的声音最敏感。相较之下，狐狸堪称声音的全能型选手。在 900 至 14 000 赫兹的声波频率之间，狐狸对声音定位的准确率超过 90%，就算是 34 000 赫兹也难不倒它们。这比人类小孩的表现更优秀，幼童对声音定位的准确率约 70%。

狐狸的狩猎技巧是这样的：侦察（找出田鼠在哪里出没），聆听"吱吱"声，凭借摇头晃脑交叉定位。如果想更有把握，那么就听一下比较清楚的低频声音，比如田鼠擦过干草的声响，接着凭磁场算准距离，跃起；视觉微幅修正；击杀。我的狩猎技巧则是这样的：侦察，岔开脚站在田鼠路径的上方；注意风吹草动，聆听窸窣声；满怀希望地迅速趴下，然后一脸栽进田鼠粪便；失手；把身上草屑拍干净；向聚集围观、替我担忧的市民徒劳无功地解释我的行为；趁警察来之前快溜。

我花了数小时，几乎都要上瘾了。我从没得手过，也没有进步的迹象。几百次里只有 5 次看到了田鼠，它们在溜走的同时还不忘傲慢地嘲讽我一番。其中一只还真的转过身来看了我一眼。从解剖学来看，绝对没有人想到田鼠也会冷笑。它真的会，对此我再清楚不过了。

小型哺乳类的一生都是用莫尔斯密码的点和直线记录的。它们在每个点之间冲出一条直线，又在冲刺的空档停顿、颤抖（或许该把点换成分号），仔细评估周遭情况。

大部分的猎食者都会模仿猎物，或者至少模仿猎物的节奏。但狐狸不这么做，它们的动作行云流水，毫无间断。**狐狸是我所知的最忠于自我的动物，它们决不向猎物或环境妥协**。住在城市这个不断翻搅着的肠道中的狐狸，跟住在山毛榉林或深山的人一样长寿。即使没有必要，它们也还是会坚持狩猎，任何心血管疾病都近不了它们的身。**城市的狐狸还是狐狸，全然都市化的人类却似乎已经不是百分之百的人类了**。城市的狐狸仍坚持保有本性，这点实在是难能可贵，毕竟城市总是害得它们身受重伤，罪魁祸首当然就是车辆了。狐狸太自信，以至于它们不懂得避开这些奇形怪状的猎食者。说来也是，道路是狐狸的，凭什么它们要让开？它们从来不怕汽车的"隆隆"声和刺眼的灯光，即使遇见了它们也不逃开，于是屡屡身负重伤。

一项实验让人得知，在都市狐狸短暂璀璨的一生中，在竖起毛警惕和从容掌控全场之间到底有多少痛苦隐藏其中。

　　这位英雄实验者捡拾起伦敦街头超过 300 具的狐狸尸体，放在空地任苍蝇疯扑上去饱餐。几个月的等待时间结束了，或者还有许多段友谊也跟着结束了，他终于看到约有 28% 的狐狸身上有愈合的骨折痕迹。这些骨折无疑大部分是因为曾受到过一团铁块的撞击，就是那种靠着石炭纪森林化成的石油驱动的铁块。

　　我们无法知晓狐狸面对骨折时的心情如何，但我看过很多骨折的狗，它们一脸困惑，无法理解骨骼碎片怎么会从体内突出来。不过狗很快就会开始舔骨骼，就像舔刚出生的小狗一样。它们对待从身体蹦出来的骨肉，与对待从另一个部位"蹦"出来的亲生骨肉一样，都是诚心欢迎的。我看过自己被折断的骨头，我可是对它一点也不欢迎。血管把鲜血喷进我的眼中，过了好一会儿才用血小板"堵"住伤口止血。唯有身体自发性地活下去，我们才有活命的机会。

　　狐狸不只被汽车轮胎碾过，它们也被时间的巨轮碾过。35% 的伦敦狐狸患有椎关节疾病，它们的关节会变形突起，其中脊椎最常发病。3 岁的狐狸中有 65% 罹患脊椎关节炎，所有活到 6 岁的年迈狐狸该病的发病率是 100%。

　　当狐狸像一个在奥运会上走平衡木的体操运动员一样优雅地走在篱笆上，或是从树篱扑向林鸽，又或者如水银般渗到野兔身上时，它们同时也得忍受剧烈的背痛。那种程度的背痛，换成一般上班族早就递交辞职信了。狐狸肯定等不及大白天躺在棚屋底下休息，但在面对低垂的夜幕时，它们那股无奈的恐惧，恰似重视工作更胜严重坐骨神经痛的人们听到清晨闹钟时的心情。

全神贯注

结束了漫长难熬的一天，我会在小窝屋顶的阴影下打盹，一会儿发热一会儿打冷战，断断续续，感觉很不对劲。我眼前的景象，正是缩在棚屋底下的狐狸会看到的景象。抬头不见天空。在这低海拔的位置，水平望去只有一片陡峭。一支排水管将世界收集起来，迅速排进某个消失的点。垂直看去则教人厌恶。一旦把眼睛从地面上抬起，举目所见只有高墙。我们住在一座井里，光线从上方云烟交织的隐形网孔中滴下来。我们不太清楚狐狸的色彩感知，它们八成是红绿色盲，不过住在伦敦就没什么关系了。伦敦人认为鲜花庸俗过火，灰色比较顺眼。至少雨季过后，盛行西风带[1]和涓滴的阳光就会替伦敦涂上一层灰色。

狐狸在享用田鼠之前，通常会先玩弄田鼠一阵子，就像孩子们在餐盘上拨弄青豆那样。玩腻了之后，狐狸再一把剪下田鼠的头，流出的血就成了灰色草地上的深灰阴影。

我在防潮布下毫无节制地打滚，滚到皮肤皲裂、浑身发臭，但眼睛和耳朵始终保持着全神贯注的状态。我看东西的能力和狐狸并没有相差太多。白天近距离之内，狐狸的视觉敏感度跟人类的相近，只不过狐狸不像人类那样容易被任何一点小骚动打扰。

狐狸的视网膜中央由视锥细胞主宰，而不是视杆细胞。比起辨认形状，视锥细胞更擅长侦测动态。正午时分，进入狐狸视线范围的兔宝宝只要静止不动，大概就能安全无虞。提着猎枪的男人只要慢慢地、慢慢地、慢慢地举起手

---

[1] 指位于南北半球 40°到 60°之间的中纬度温带地区。该地区盛行西风，是因为副热带高气压吹向副极地低气压的风，受地球自转偏向力的影响所致。

——译者注

臂，就算背后的天空描绘出了他的轮廓，男人也有机会猎杀这只白天出没的狐狸。在狐狸的脑海中，猎手的轮廓就像背景噪音，可以自动过滤掉，只要专注聆听突然骚动的声音就行了。

白天，我眼睛辨认形状的能力胜过狐狸，我的大脑也对形状更感兴趣。尽管白天基本上无聊透顶，我还是可以找到一些狐狸无法享受的乐趣。我不需要甲虫或快速振翅的影子（当然看到也会很开心），我只要一颗松果、地衣翘起的边缘，或是设计成科林斯柱式凹槽的铁制垃圾箱，就足以供我消耗时间了。我的圆形瞳孔是为了见证奇观和缤纷的世界，万物随时可以占据我的双眼。唯有大脑，因受到过去几千年的影响而变得胆怯、保守，坚持要一个个检查等着进门的访客，只有熟悉无害的面孔才能放行。

我猜狐狸的知觉对于登门造访的世界并不会过于设限，因为守门是瞳孔的物理特性。入夜之后，狐狸的瞳孔也会变成与我的瞳孔一样的圆形，接着便会开始搜索林地和街道的所有线索。等到太阳升起时，它们的瞳孔又会竖成一条窄缝，像挺直腰杆的哨兵，帮它们挡住多余的光线，这让狐狸看起来似乎更多疑、更具鉴别力。**狐狸的瞳孔会和眼皮一起做滴定测试，精确地算出眼睛所看见的世界的最佳范围。**

有些声音我和狐狸都能听见，例如拳头击中目标的闷声（狐狸会以为是有哪具尸体送上门来当晚餐了）、广播节目里欢腾的叽喳声、不知名的切剁声、磨碎声、削屑声，以及"隆隆"、"嗡嗡"和"乒乓"的声音。这些声音都很吸引我，但狐狸却懒得一顾。比狐狸头顶高一些的事物都不值得狐狸关注，因为它已经进化到不必畏惧空中的掠食者（最有力的老鹰也构不成威胁），而偶尔从农舍卧室窗户射出的夺命子弹，也不足以令它就此害怕雷鸣。所以，其实狐狸听得见白杨的"噼啪"声（两三小时才听见一声），只不过听听就罢了（多年来我努力效仿这种心智境界，一会儿放松跷着二郎腿，一会儿用力到痉挛，但就是学不来）。心脏除颤器下的心肌脉动、屋檐下室内的喇叭传出的椋鸟那杂沓的擦刮和颤音，都被狐狸拾起又放下了。

倒是枯叶的翻动声，在我听来这仅像轻咬声，但在狐狸听来，却是大到如同有人正拿着鼓强压在它耳边，并用尖锐的指甲刮鼓皮的程度。狐狸会将注意力从整体（1.5 米以下的整体环境）转移到叶子上，一如境界高超的冥想家一回神就能将注意力集中在呼吸上一样。

过度进化就是退化

我的狐狸生涯大多在孩子出生前进行。那时觉得很好玩，现在肯定会觉得更加有趣，因为我一定会看见许多以前忽略的事物。孩子将治好我的眼翳，露出底下的竖直瞳孔。比起其他幼兽，人类孩童与幼狐最相近。我的孩子甚至会像狐狸一样藏匿食物（书本后面和地毯底下都有成堆的小熊软糖），连藏匿的理由都如出一辙：胃口小、一次吃不完；充满末日感的想象力会忽视所有明显的现实，透过潜意识告诉他们，明天就没得吃了。

> 孩子们对藏匿点的记忆力也跟狐狸的一样好或者坏：
> "糖果放哪儿去了？"
> 第一周、第二周："乐高积木桶后面。"
> 第三周："乐高积木桶后面吧？不然就是童话书旁边。"
> 第四周："什么糖果？拜托啦，哪来的糖果？"

尽管如此，如果孩子们藏的食物关乎生死存亡，那么他们的记忆就会被牢牢刻在大脑里。我家在埃克斯穆尔国家公园中埋了几罐豆子和西红柿，虽然这些东西比不上糖果吸引人，但过了 3 个月孩子们还一点儿也没忘。又过了两个星期，问孩子们豆子罐头和番茄罐头分别埋在哪里，他们的记忆力又会退回到狐狸的水平。

我不希望孩子们改变。他们身上的特质是好好生活的所有必需条件，不多也不少。这一点也很像狐狸。**我怕孩子们继续进化，尤其害怕他们被这个冷漠的世界同化，失去敏锐的感官。**我对城市闹区的赤狐也抱着同样的担忧，幸好狐狸还没什么变化的征兆。如果狐狸真会改变，那么应该早就露出蛛丝马迹了。基因和进化组成搭档，构成了一台迅猛的机器。但是，狐狸尚未摆脱危机。只用了不长的时间，银狐就在人工培育下发展出了友好的特质。那群冷血狠毒、龇牙咧嘴的银狐，竟然会对着靠近的人类吠叫并摇尾，发出懦弱的呜咽声，甚至还会舔一舔人类的手。但愿上苍或达尔文庇佑我的孩子，不要落得跟银狐一样的下场。

我恨猫，恨透了。每个喜欢鸟类、小型哺乳动物和与此具有关联性的物种的人，都应该平心静气地厌恶猫。但我的恨意不同，这是一种原始、强烈的情绪，与猫造成的破坏完全不成比例，而且还在年年加重。没有人喜欢真正的猫。真正的猫自负、冷漠又残酷，根本就无法讨人喜欢。喜欢猫的人不会把猫当成猫来看待，他们得把猫看成是情人、女邮局局长或是昔日同窗才行。差劲的标本师手中的猫，才是猫的最佳状态。我不会祈求厄运降临到猫身上，我只希望它们能消失。我以虔诚的心情，积极地送猫去结扎。但令人失望的是，只有 0.4% 的牛津郊区狐狸的粪便中含有猫毛，而且这其中约有 80% 都是被车撞死的。

一闻到猫尿我就怒火中烧。我不知道自己是先讨厌猫，还是先讨厌猫尿的，反正两者密不可分。有一次，一只公猫尿在了我的露营防水布上，也就是我拿来搭盖狐狸小窝的屋顶，结果我的头就倒霉了。还有一次，我抓了一只鸡腿放在防水布上，然后钻到布面底下。没过多久，我感觉有一只猫爬到了我的背上。鸡腿就在我的肩膀位置。我想攻击这只傲慢冷漠的家伙，于是我一等它咬住鸡腿，就朝天空喷发出了维苏威火山般的怒吼。猫发出了令我满意的尖叫，吓得弹起来就跑。恐怕这回给它带来的精神伤害花再多的钱请兽医做认知行为治疗也无济于事了。

我追着猫跑过院子，一直跑到我戏称为花园的尽头。猫跳过几块木板，我也跟着跳：它跃过花盆，我也跟着跃；它跳上围篱奔跑，我也跟着跳上去跑。不过，猫的步伐始终维持着芭蕾舞者般的优雅，而我却瞬间失去了平衡。我重重摔在一道墙和一座棚屋之间，满头大汗地喘着气。我在原地待了足足有一分钟，一抬头就对上了一双竖直的瞳孔，那颗红毛头只跟我相距 1.8 米。鸡腿露出一部分，垂在狐狸的嘴角，它像是叼着一支方头雪茄烟。狐狸紧紧抓住了我的目光，显然是它吸走了我全部的注意力，而不是我吸走了它的注意力。最终，狐狸选择放我走，独自漫步到院子的角落，穿过不存在的门扉离开了。

狐狸暂时把伦敦还给了我。如果我肯开口，它们也许会施舍更多，但这样逼迫它们似乎有点不公平。据统计资料显示，狐狸还能自在跑跳的季节已经所剩无几了，它们应该抓紧时间去做点别的事。我无以回报它们。狐狸不需要我、我家的垃圾、我的同情，以及我希望在野外和它们做伴的幻想。我知道狐狸不需要我，但一想起叼着鸡腿雪茄、带有笑意的双眸，我就获得了信心，唯一一点信心。我相信，一切都会没事的。

BEING

A

第五章
打破习得性无助的樊篱：赤鹿

赤鹿很特别，比起其他有蹄类动物，它们更像自己，也更嫉妒
自己的死亡是如此特殊。不过它们对自身死亡的概念并不清楚。
赤鹿天生倾向于避开危险，但它们对危险的定义并不包括威胁
到自身存在，所以它们也不会为了无法生存而焦虑。

BEAST

相比整日惊慌失措的赤鹿，当一只狼很简单，我是这样做的：

我生在一个天天反复强调"拿得越多越好，千万别放手"的社会。后来，我进入了一间厚颜无耻的学校，因为学校竟将一堂名为"社会财富"的经济学课程列为必修课。再然后，我进入了一所古老的大学，大学的石砖道和偶尔醉醺醺来上课的教授告诉我们：每个时代的优秀分子都是靠着反重力法则力争上游的，在认识了其他优秀分子之后，就会遵循优生原则生下更多优秀的下一代。这个现象会不断持续，直到世上随处可见经济学之父亚当·斯密的荣耀，一如大海中随处可见的海水一样。度过平庸的 6 年，我受邀去一间橡木装潢、能俯瞰剑桥校园的房间喝一杯苦涩的雪莉酒。一位身穿黑色礼服、代表皇家学会的先生请我们就座。

"各位先生，你们就要离开学校了。或许古语说'温柔的人必承受地土'，但我给各位的建议是：除非有人出高价请你当个温柔的人，不然你就踩着他们前进吧。"

就这样，我们准备就绪，大步踏向世界。或者，就我的例子而言，我迈着幼狼的步子出发了。我的体质被打造成狼，信念却没有跟着转变。改变体制需要掀起革命，可我长时间忙碌，压根儿没空改革。

来自猎食者的反思

我做好准备，接下狼性的指挥棒。我有专业的战利品、研究知识和枪械。我在 9 月跳上火车，从尤斯顿（Euston）车站前往苏格兰的因弗内斯（Inverness）或威廉堡（Fort William）。当时我乐得快要发疯了，现在也一样。把步枪留在卧铺上并不安全，你得随身携带，餐车的氛围很不错，在享用微波羊杂碎布丁的时候，你可以用同情的目光看着手无寸铁的游客吃着沙拉。猎鹿人都散发着一种阳刚、原始的同伙情谊：我们讨厌彼此、不信任彼此，但我们更瞧不起其他人。某个追求格调的乡下人点了一杯格兰菲迪威士忌，我们不以为然地挑挑眉。

我们心照不宣地嘲笑着游客们身上穿的防水外套、轻盈透气的长裤、简易鞋带的靴子，其中最令我们瞧不起的，就是那份真挚诚恳的态度。他们人手一张地图，忙着把信息输入 GPS，计算每间苏格兰小屋的距离。至于我们呢，我们不需要导航，想去哪儿就去哪儿，想杀鹿就杀鹿。我们不会告诉自己，不必带地图是因为山丘上有一位专业的猎鹿人，他对我们的鄙视，远胜过我们对那些善良、强壮、自立自强的健走游客的轻视。

当我们在帕森斯格林（Parsons Green）的白马酒吧喝下半升昂贵的啤酒时，那些游客大概正在进行铁人三项吧。我们从不这样，因为我们是狼，他们是鹿。他们只是食物。亏他们还懂得吃菠菜，扮演好猎物的角色。

车身一倾，火车开进了英格兰中北部地区。游客们纷纷经过走廊，早早梳洗上床。真聪明，毕竟你不知道何时会遇到我们，转身拔腿就跑才是上策。在游客还没离开的时候，车厢里的情况一目了然：在场有狼，也有猎物。现在，我们得以近距离观察其他的狼，看看谁是领袖、领袖候补和手下。那个枪套是全新的，它的主人肯定没见识过大场面。看他戴的那副猫头鹰眼镜，等山上的雾气飘下来，他一定不知道往哪儿才能瞄准雄鹿的心脏。再看看那双臂膀，根本没办法在低温下举着猎枪三小时等待雄鹿现身。那女的长得不错，但是发型太怪，我大概不会邀请她来我们的小屋，而且我猜她在餐后休息室也没什么才艺可展示，她不会唱歌或弹琴，甚至连随便应付应付也做不到。

我无法继续欺骗自己。至少在我心里，通常会有个人出现在某个角落，语言简洁却又富有讽刺意味；他小口喝着水，将一支破旧的猎枪摆在旁边；他身穿褪色衣物，一双沙漠靴高傲地翘在座位上，埋首读着古希腊文的剧作。他很乐意杀了我，并把我吃掉。到了威廉堡，狼群的差异已经被转动的车轮磨尽了，只剩那位读古希腊文的微笑贵族还跟高地天气一样，没有任何变化。我们涌出车厢，身体又累又僵，接着又心怀恐惧地坐进老旧的路虎越野车。

因为世上有不同的狼群，所以木屋也有许多种。有些铺着花格地毯、贴着壁纸，有着整洁的石子路、液晶电视和法式肉汁。另一些有干酪柜、摆着一桶啤酒的厨房、烧着柴火的干燥室和传统肉汁。我只在第二种小屋成功猎杀过鹿。感谢狩猎女神阿耳忒弥斯[1]的保佑。早餐是悠闲又合宜的肉食。接着，我们可能会搭小船渡湖，去一片遥远的沙滩，在水陆交界处开启这场作战（对，我们称之为作战）。或者，我们会踏上崎岖不平的山路，一路绕着山丘迎接温和的徐风。抑或者，在长满草本植物的原野上勘查、在看得见厨房小窗的地面匍匐前进。

当狼的那几年，我靠着从枪管爆发出的利牙杀了很多鹿。确切数字忘记了，我没写日记。有时候，我觉得写日记可以把生活保存下来，便于我一再重温，但也会使我因此错过当下的生活。而且，单纯记录发生的事，反而会错失

---

[1] 希腊神话中的狩猎女神，身背银弓银箭，身边常有成群的猎犬追随，其圣兽为牡鹿。

——译者注

重点，磨灭做该事的真正意义。真正的重点是什么，当时的我还不清楚，现在的我也还是不明白。但是连当时热衷当狼的我，都会由此感受到一丝羞耻。我无法拿着长矛，凭自身实力猎下一只鹿，我只能在 275 米外用瞄准镜对准它们。这很不公平，但却不是我愧疚的原因。症结在于我和鹿的关系，也就是我们之间的距离，那 275 米。

我做了一件糟糕的事，这件事我做得太熟练了，但我根本不该这么做，那就是：我正在重塑生态体系。我结束某一部分，让另一部分得以展开。而我甚至没有亲手扛起这个责任，因为用手指扣扳机不算亲手。我没有在现场见证子弹蜿蜒射穿胸腔、从肋骨弹飞，最后撕裂血管的场景。我没有道歉、解释、肩负起该有的懊悔和狂喜。雄鹿是令人敬畏的美妙生物，但它们的生命就这样被我轻率地夺走了。

在我看来，毁灭世上的造物简直就是犯罪。我觉得自己很脏，我也不想拍躺在雄鹿旁边的猥琐照片，并像其他人那样将照片收藏在抽屉里，不时还拿出来回味。

我没有记日记，所以现在只剩下笼统的猎鹿回忆，以及由许多湖岸和丘陵的画面交错而成的幻想。不过，**有关赤鹿的回忆片段里真的只有赤鹿**，没有移花接木的狍子、斑马、牛羚、花面羚羊或麋羚。倒是其他动物的回忆经常互相错接，比如斑马长出了科南格伦鹿的高地粗棕毛。**赤鹿很特别。比起其他有蹄类动物，它们更像自己，也更嫉妒自己的死亡是如此特殊。**

以下便是略过了欲望、午餐和失手等重要细节的猎赤鹿流程。

走到后面垫着沙袋的标靶前方，那里会有一位穿着粗呢西装的细瘦男士怀疑地看着你。你必须在距靶 180 米处射出三枚子弹，使子弹在靶上相距不超过 5 厘米。如果办不到，那就准备搭火车回英国吧。再继续下去也没有意义，就算人生至此还能继续下去，那也回不到从前了。因为你不是一名猎食者。若你成功了，细瘦男士会点点头，把猎枪收回枪套，而你则跟着其他人一起走向山丘。

顺利通过射靶测试之后，你会大松一口气，并想找个同伴聊聊天。但是同伴并不领情。或许你成了猎食者，但你此刻还在团体金字塔的最底层。总之，那位细瘦的猎鹿人有职责在身。你一边走，他会一边扫视整座山丘。你有样学样，但跟他比起来完全不同。你想装出一副敏锐、眼观八方的姿态，有时还会停下来，倾身向前睿智地盯着山腹凹地，但是没有半个人上当。

你和猎鹿人停下脚步。猎鹿人拿出双筒望远镜，你也拿出你的，你们一起扫视丘陵。猎鹿人说："有两只强壮的雄鹿，但是前面有一群雌鹿挡着，我们没办法穿过鹿群。"你假装自己也看到了鹿群，于是点了点头。猎鹿人拔了几根草丢到空中测风向，然后再度扫视了一圈，并吸了口气。猎鹿人接着席地而坐，将黄铜望远镜举到眼前，弓起膝盖当支架。他说："碎石坡底部有一只雄鹿在射程内，我们可以去看看。"

虽然猎鹿人没有具体说明，但他心底已经列了一份详细计划。你们爬进一条绵延至山脊的沟壑。山风从雄鹿那一侧吹向你，你们避开了雄鹿的视线。这一部分会进行得很快，也必须速战速决，因为天气说变就变，鹿也可能会被突然吓跑或无来由地离开此处。你必须在抵达山脊前爬出沟壑。一只警戒的老母鹿脑海里会不断浮现出天际线的形状，就像有时候一首歌一直在脑海中重复播放那样。如果旋律稍有改变，或是和弦稍有差池，你一定会注意到。就像老母鹿也一定会发现山脊的形状变了，所以你要爬出沟渠，踏上无人之地。

现在还不需要匍匐。"身子要压低。"猎鹿人说。于是你弯下腰，慢慢地走着。猎鹿人停下脚步，急着想讨好猎鹿人的你，却在后面撞上了他。猎鹿人转身伸手攫住你的外套，要你乖乖待在后头。母鹿抬起头看着猎鹿人，不太高兴的样子，持续盯了他整整一分钟，最后才低头继续吃草。但猎鹿人一动也不动，他真是睿智，因为两三秒过后，雌鹿又立刻抬起头，直勾勾地盯着你。这是一个老把戏，只看一眼无法令它安心。如果真有可疑的家伙，那么它便要让对方以为警报已经解除了。当对方大意移动时，它就可以立刻逮个正着。从这里到碎石坡还会遇到几次同样的情况，你必须随时注意鹿的脖子，在它的眼睛定焦之前停止动作。

雄鹿正在碎石坡底部吃草，它仰赖娘子军守护它的安危。距离雄鹿大约275米处有一片野草丛。草丛有好有坏，好处是可以掩护我们匍匐，坏处是可能会挡住子弹。你和野草之间又相隔了275米，幸好中间还有掩蔽处。你面朝下趴着，鼠蹊部蹭着地面。有些人硬是喜欢把屁股翘得老高，结果让雄鹿逃过一劫。靠近目标的重点是要以板块漂流的速度前进，因为鹿也以同样的速度移动，这样的话，它们的侦测系统就不会发现异常。

一只寻觅腐肉的渡鸦瞧见了你，俯身想看个究竟，但当它发现你的手正在缓慢移动时，就立刻转向飞走了。母鹿发现渡鸦的飞行角度变了，平静的世界因此漾起了一阵涟漪。母鹿不喜欢这种感觉，于是它抬起头望了出去，其他雌鹿的头也像缠了线的木偶一样被它拉起。间接收到的警报不如亲眼所见的恐惧来得强烈。两三分钟过后，其他雌鹿又顺着宜人的风纷纷低下头，只有那只老母鹿还不放弃。它的眼神直接射向我们。拜托，拜托谁来告诉它土地也得呼吸呀。你往下看，觉得它会发现我们在眨眼，于是又看回去。老母鹿把头仰得更高了，鼻孔喷张着。说不定你的气味已经从峭壁反弹回来，顺着碎石坡漏下去了。许久以后，老母鹿才收起鼻孔，低下了头。现在，老母鹿重新开始吃草了，但它换了个方向，整个身体都正对着你。

你又等了 5 分钟才继续前进，以 100 年才移动 2.5 米的速度。有件事你必须权衡：加快速度可能会被发现，但是风向也可能随时改变。只要风向偏移 10°，或者再度招惹老母鹿，它就绝对不会放过你，你也别想再接近雄鹿一步。从绿色衬垫反弹的台球已经是很难预测方向的了，而现在面对这个布满岩石的球桌，你还得注意狂风中翻滚的气味。猎鹿的过程充满了太多不确定因素，只有老天允许你杀，你才会成功。

母鹿抬头、低头、抬头、又低头。无论你做什么，不做什么，都已无关。如果雄鹿注定要死，那么它就不能再活。来不及为雄鹿或自己祈祷了，反正在这小岛上，祈祷是不被应许的。不对，你的行为也不是完全与猎鹿无关，你可以让自己受伤。伤疤是一种货币，可以在外头买到东西。于是你把脸颊抵在岩石上，直到感觉脸皮完全被磨掉。这么做确实能让脑袋清醒一点，更棒的是，老母鹿再也没有抬起头来了。

再往前 90 米就是草丛了，一切将在那里成真。抵达草丛固然很好，但你也希望老母鹿赶快闻到你的气味。没机会开枪总比射偏好，你一定会射偏的，你的手指已经僵硬了，你还不够好。"好"不是指枪术，而是指道德。看看那家伙，脖子多么粗壮，而关键就在于脖子。再看看你苍白的小腿，从滑落的袜子里露出来。你很可悲，这句话的意思是你还不够格。那两条白竹竿腿还不够格去击垮那根脖子。你的双脚之所以是白竹竿，正是因为你不曾有过任何英勇事迹，而这反过来又是因为你的双脚是一对白竹竿。这里的道德标准就是成就一世英明。

抵达草丛了。心情还没糟到想痛下杀手。那些欢乐的时光会让子弹突然转向。步枪的枪栓在手肘上方，发出震耳欲聋的巨响。从这里到因弗内斯的所有生物都吓了一跳。一颗发亮的子弹伏在石块上。保险栓最好继续拉上，因为有一株石楠可能会勾到扳机。

雄鹿换了位置，它现在也正对着你了。你可能擦到了它的腿，也可能搅烂了它的内脏。枪放下。如果它倒下去了，那就是世界末日了，它很可能就这样倒下去。但是风向和星象都变了，老母鹿现在把你当"朋友"了，它陷入了不安，这份紧张带有感染力。老母鹿打算离去，下沉的腰腿随时准备爆发跃起。就连无动于衷的温和雄鹿也注意到了这点，于是雄鹿转了一圈。

你的血痕已经留在了石头上，这样已经足够了。而且幸好时间也不够了。很简单。枪架到肩上，拉开保险栓，十字准线对到雄鹿的前腿，看到胸口之后用力"挤"。你得将子弹"挤"过空气，"挤"进雄鹿的左心房。你必须一直"挤"，子弹才会前进。想象你自己正蹲在雄鹿的心脏里，要把子弹像钓线一样收回来，或者缓慢而又果断地点头，招呼子弹进来。

重击之后，雄鹿蹒跚摇晃了一下。乍看之下没什么异样，但左心室这时已经成了碎肉。子弹钻过心脏之后，又继续往深处漫游。雄鹿发出咳嗽般的"咯咯"声，似乎还没反应过来。这可是雄鹿一辈子遇到的最大的事件，值得做出比一声了无新意的平凡咳嗽更盛大的反应。

雄鹿逃走了。这个反应也很不值，逃跑实在没有意义。它终究还是要面临死亡。海上正在酝酿暴风雨，渡鸦又折回来想要啄一口肠子，越野车上的广播开始播放下午 5 点的整点新闻。还有什么时候比现在更适合迎接死亡呢？雄鹿的角耸立在石楠之间，看起来不像宝剑，倒像树木。当你找到雄鹿的时候，一只苍蝇正停在它的眼睛上。猎鹿人对你说："干得好。"如果你还自认为是个正人君子，那你一定听不懂猎鹿人在说什么。

我不拍展现男子气概的猥琐照片，动物死了，我却还活着，这样让我感觉很奇怪。你走回小屋淋浴的时候，已经忘记了事情的真正经过，大脑已经把这一天翻译成适合晚餐闲聊的内容。晚餐钟响的时候，雄鹿已经死了，它从未真正活过。**而你，我的朋友，是一位有效率的猎食者，华丽地孤身站在食物链顶端，栖息于生态金字塔上那摇摇欲坠、艳阳高照的顶峰**。那位读古希腊文的贵族也在那里，面带微笑，缓慢地为你鼓掌。

想当狼还有另一种方式。埃克斯穆尔国家公园生活着一群为数三千的赤鹿，同时也有一群负责追捕的猎鹿犬。

我会在周五坐车到汤顿市（Taunton），度过辗转难眠的夜晚，想着我该如何应对折断的脖子，然后起个大早，在大雨滂沱的路边停车区与一匹庞然巨马相会，在汽笛鸣响之后出发穿越荒地。这让我忙到没时间感觉害怕。

平均每隔一天，猎犬们就会把一只雄鹿逼到河边，朝它大声吠叫。雄鹿最后会在河边中弹。马的平均速度是每小时 20 公里，这 20 公里的每一寸都重新教会了我应该怎么当一个人类小孩。骑在马背上高出的高度，刚好等于 6 岁的我和现在的我的身高差。荆豆和石楠随着我飙升的血清素一同涨大，令我产生幻觉。在这场华兹华斯（William Wordsworth）[1] 式鲜血盛宴中，每跨出颠簸的一大步就是一处新天地。总是覆盖着三角状耻毛树林的山谷底传来了颤抖的号角声："呜呼，它死了！它死了！它死了！"潮湿的岩石传来回音："这样我们才能活下去。"死亡、性爱、童年，这一切都很复杂。我试着不去多想。

从那时候开始，我会不时地思考时间是如何运转的，人类要花多少时间才会有所改变，习惯要多久才能养成，以及经验的丰富度和持续时间的比例关系。

---

[1] 英国浪漫主义诗人。

——译者注

坐在返回牛津的列车上，我突然拿出纸笔，在一篇关于胚胎的道德状况的文章背面，随手写下一些异想天开的形而上学算式。虽然少数赤鹿可以活到20岁，但能活到15岁就已经算是享尽天年了。假设赤鹿的15岁等于人类的80岁，那么赤鹿过一年就相当于人类过5.33年。再保守一些，赤鹿活1年等于人类活5年，在每个单位时间，赤鹿都比人类多活5倍的时间，对周遭世界的关注也是人类的5倍。如果再将赤鹿较短的睡眠时间考虑进来，那就表示……简直是胡说八道。纸张被我揉成一团扔掉，我心里只剩一个未经量化的赤裸念头：赤鹿令我感到羞愧，既然我活得更久，那我就该向它们学习，我得更早起床，夜间在林地和低矮灌木间散步。这个结论杂乱无章，但是还算实用。

既然我已经知道赤鹿活得比我更充实，那么我对自己的狩猎行为应该感到良心不安。我的结论应该是，杀死赤鹿是一件道德败坏的事。但我没有，因为没有人的道德标准可以始终如一，尤其是我。而且打猎实在是太好玩了。

死亡源于对变化的猝不及防

我从未遇到能使心境发生剧烈改变的伟大时刻。我曾看着射中的鹿从鼻孔流出鲜血，染红雪地，同时它还仍试图逃进森林跟朋友一起躲藏；我也曾看见被追捕的母鹿用鼻子把跟在脚边的小鹿抛进一丛蕨类中，以免被猎犬发现。有人曾拿着照片让我欣赏，上面是一个在银行工作的呆瓜在傻笑，他跪在一只角岔超过12支的高地雄鹿旁。他射中雄鹿两次，雄鹿都没有死，最后雄鹿是由一脸轻蔑的猎鹿人一枪解决的。

我曾读到波洛克（Porlock）的男人们会在打猎的日子坐上船，去追捕游到海里的鹿，并用绳索套住它们，一刀割喉；我在小屋吃晚餐时曾配着年份久远的勃艮第葡萄酒，试图把自己先前侥幸的一发命中当成一件英勇事迹，但我终究还是办不到；我曾躺在鹅绒被里，被镶金相框中穿着高尔夫球裤的长者盯着，我听着山丘夜雨打在雄鹿的背上……

那些时刻多少有点帮助，但最后还是个人利害改变了我。上述片段加深了我对个人利害的感受，但没有预期的多。**我必须看见人类也是受害者，才能意识到动物不应该被害。**我仿佛看见孩子们被股东蹂躏、伤害，被首席执行官们弄伤之后弃置等死；死亡似乎正悄悄地爬上苏格兰的峡谷，进入一开枪就能杀死我家人的范围。我终于看见人类受害和动物受害的关联了。直到变成悲天悯人的好心人士，我才能替流血的雄赤鹿写点有意义的文字。不过，那时我依旧认为当一名有效率的猎食者，可以帮助我更了解被猎食物种。这种想法真是大错特错。

做一只被追捕的鹿

马特是一名来自邓斯特的抹灰工，我们在斯托古姆伯（Stogumber）的白马酒吧外相识。马特的家族已经有几个世纪在埃克斯穆尔国家公园和匡托克丘陵（Quantocks）猎捕狐狸和野兔的历史，马特的面包车后面就载着几只全英国鼻子最灵的寻血猎犬。其中一只叫蒙蒂的猎犬居然准备追捕我。马特说："让蒙蒂闻闻你的靴子。我敢说你连汗都来不及流，我们就可以逮到你了。"

我沿着玉米幼苗田的一侧奔跑。天空下着雨，我的脚印升起一阵热气。这种烂天气真不适合当被追杀的鹿。我的性命安全无虞，但是否会被追上仍至关重要。算我神经质吧。一粒沙子跑进鞋里，通常我会直接无视，但此时沙子竟变得巨大又充满恶意，显然在跟宇宙密谋要害我灭亡。平时低矮干燥的围篱此刻变得又高又湿滑。心脏快要被我呕吐出来了，它蜷曲在喉头，阻止海雾流入血液。天地间似乎只有我一个人在急急奔跑，周遭世界完好无瑕，玉米田更是悠哉到残忍冷酷的境界。一只甲虫镇定地从玉米茎上爬下来，我恨它如此安逸又冷淡。

这是开头几百米的情形。玉米茎不断勾着我的脚，我耳中唯一的节奏便来自我发痒震动的喉咙。接着，我跨出玉米田，迈开大步，心脏退回至肋骨的位置，胸口终于又能正常起伏了。树林还是一派悠闲，令人发狂，但至少树林没有要捉我的意思。万物似乎都有声音，而那股声音散发着同情。荨麻说很抱歉刺伤我的腿，等蒙蒂追过来时，它们一定会更用力地刺进蒙蒂那滴着口水的嘴唇，因为那张嘴巴摇摆着朝我冲了过来。不久，我开始怀疑树林的善意。一只小嘴乌鸦在我急急忙忙穿越的时候，按理应该受到惊扰，结果它却坐在抬头不到1米的树枝那儿看着我。我从乌鸦的眼里看见了自己，我正驼背喘着气。我以为乌鸦眼里的影像应该是全黑的，没想到我是艳红色的。我心想，太荒唐了，乌鸦正在等我断气，然后好飞下来分一杯羹。这种行为太不像鹿会做的事了。

不过，我的其他无意识行为倒是跟受追捕的鹿很像。我的肾上腺在不断地分泌皮质醇和肾上腺素，其中，皮质醇使我感到紧张。（隔天，皮质醇抑制免疫力的效果害得我的喉咙门户洞开，立刻遭到了病毒入侵。）血液也从内脏流窜到双腿。我的体力开始下降，我会不时停下来，抬起头反射性地嗅闻。如果我的耳朵能动，现在早就竖起来不停地转动了。我跟鹿一样想要找到水来冷却发热的身体，顺带冲走气味，但我却一路跑到附近最干的地面上。我知道（天生就知道，不是因为读过书、看过猎犬狩猎）干燥的地面不太能留住气味，就算有残留，气味分子也会紧紧依附在地面上，猎犬一般闻不到。但我跟鹿不一样，我想要跑出树林。平时猎鹿犬很难把鹿逼到空地，树林追逐可能会持续好几个小时。鹿会循原路折回，在重重掩护下躺平，宁愿向猎犬宣战，也不愿意逃出树林。

待在树林里对我比较有利。气味会在树丛之间反弹，就像弹珠台里面四处乱撞的弹珠，也像东林恩河在角落里不停打转的黑暗。连受过最精英训练的鼻子也闻不出个所以然。但如果在开放的空间，草地上就会留下一条黏黏的气味痕迹，指出猎物逃跑的方向，猎犬只要沿着这一直线追捕就行了。没错，风会把气味吹散，但通常只会偏离两三米，猎犬凭着这条气味线索找到猎物可说是绰绰有余。

所以说，我想去空旷野外的想法其实很古怪。我猜我们是想死在自己进化的地方，就像人们多半希望在家里咽下最后一口气一样。人类在东非平原上进化，所以我与大多数人一样，大脑神经的表现比较偏向早期进化的过程：害怕黑暗和洞穴（尽管所有人的生命都是从一片漆黑、不断有水流撞击的洞穴中诞生的，那里是我这辈子待过最安全的地方）；晚上必须拉开窗帘，看着闪烁的星星，告诉自己宇宙还在正常运转；每当走进没有自然采光的房间就会浑身不自在；深信地底下吃腐肉的蛆比在阳光下吃腐肉的蛆更恶心；看到可怕的事会发抖。位于山腰的私人疗养院的开价比位于郊区的高出许多，难怪靠海的小镇总是会挤满等不及要饱览日落景色的退休人士。这一切情结其实都源自东非的坦桑尼亚。

我知道我不会死，但肾上腺可不知道。肾上腺推着我穿过玉米田，我的呼吸声大到盖过了其他所有声音。我没料到会这么安静，我还以为猎犬的吠叫和我粗重的喘息会交织成振奋人心的二重奏，可与戏剧原声带媲美。但是现在后方没有半点声响，没有晃动腭骨发出的沉重丧葬钟声。

这种静默真是令人难以忍受。这也是我不想待在树林里的另一个原因。我的神经预设的每一种危险、机会和选择都是一目了然的，我习惯远眺斑马群、变幻莫测的云层和随风摆动的青草地。平原上有看不见、听不到、闻不着的东西，但是都在可计算的范围内。比如狮子可能会埋伏在长草丛中，猎斑马时最好避开那儿。我的技能不是侦测危险，而是在心里预测哪里可能会发生危险，这是一种无痛、无风险的优化方案。但是，站在萨莫塞特郡田野间喘气的我，根本没有可以计算的数据。我的生理构造目的在于尽力避免使我在空旷的地方光荣地死去，所以我才觉得既然要死，那最好就死在空旷的原野，而不是其他的地方。

我这番充满英雄气概的元叙事，已经进化到可以说明自己的生理状态了。当贺雷修斯（Horatius）[1] 催促罗马人守住桥梁，抵挡进攻的伊特鲁里亚（Etruscan）时，贺雷修斯问道："人如何才能更高尚地死去，而不只是将死亡视为恐怖的结局，或只是为了不负先祖的英魂、不辱圣殿的诸神？"我们看得见斑马，能够预测狮子的藏身之处，所以必然会产生这种充满诗意的想法。

BEING
A
BEAST
人类长了一张脸，天生就习惯面对事物，这是我们的专长。如果无法面对，人类就会慌了手脚。每当不能做自己擅长的事时，我们就会发慌。所以天生擅长追捕负伤捻角羚的上班族，坐在办公室里时就会整天感觉压力大，担惊受怕，并吞下一堆药片。

我的眼前没有猎犬可以面对，这把我给吓坏了。肾上腺素和皮质醇派不上用场了，反而对我不利，就像高血压的上班族无法承受肾上腺素一样。我的肌肉变得强壮，但脑子里完全是一锅糨糊。

我知道自己还没赢，这些猎犬像增长的年龄一样势不可挡。它们能闻到24 小时前的气味，所以它们可以慢慢来。猎犬的脸长得实在很奇特，奇特到

---

[1] 古罗马共和时代早期的一名英雄。

——译者注

已经无法把它们只当作笑话对待。没人能哄骗猎犬，使它们分心。它们拿着账簿，细心计算再反复检查。它们行动时一点也不兴奋，所以根本没有犯错的可能，只有精力充沛又嗜血的猎狐犬才会出错。猎狐犬一闻到狐狸的气味就醉了，还会兴奋地流口水。寻血猎犬随时都在流口水，但那是勤奋的口水。如果说猎狐犬是充满魅力的检察官，那么寻血猎犬则是只会拿诉讼状一念再念的无聊律师。如果我是有罪的被告，那么我只求让我遇到招摇醒目的检察官。

蒙蒂从玉米田另一侧追上了我。当我看到它的时候，我们只相距9米。它从厚重的遮光眼罩下刚看见我，就立刻转身走掉了。打卡下班就是最圆满的收尾。任务完成，蒙蒂回头从容地走向马特，马特离我们还有几分钟的路程。

"冷漠"的基因容器

静默不只令人紧张，还会伤人。我在牛津有一台叮当作响的自行车，每次只要有人没听到我靠近的声音，挡在路中间，我就会对自己说出一串准备好的台词。台词如下：

> 你挡到我的路了。我是一团快速移动的钢架和脂肪，我制造出来的噪音会把方圆800米内的人类祖先吓得趴倒在地，紧握长矛，拼命压住快要从胸口蹦出来的心脏。我现在离你只有9米远，你却完全不知情。你真是输惨了，你跟我比差远了。我要按下这个响彻云霄的喇叭来唤醒你，所以……

我特地骑着自行车穿梭在牛津，想唤醒那一群在牛津放牧吃草、温和但无生命迹象的观光客，让他们回到原本的样子。

蒙蒂对付我的方式，就是我对付观光客的方式，但蒙蒂绝对不会像这样对待赤鹿。我很庆幸自己被蒙蒂彻底羞辱和惊吓到了。如果是在通风良好的丘陵地，跑了 8 公里之后被一声吠叫"逮到"，我大概还是无法体会当猎物的感受。那比较像是灰狗之间的比赛，或是两个猎食者的竞赛，不论怎样，我在其中都是表现最差的。当猎物则是永远都不会觉得光荣。通常充当大型猎物的物种很快就会被杀死。野狼与北美驯鹿持续数小时的大战很适合拍成电影，因为这在现实中不常见。一般都是野狼先从树林里猛冲出来，追捕驯鹿数百米，最后野狼不是得手就是放弃。

猎鹿犬跟野狼不一样，它们不会放弃。这是反对带猎鹿犬猎鹿的人最充分的理由。反对者主张赤鹿还没有进化成长距离奔跑的动物，因为它们几乎不需要这个能力，百米冲刺才是它们的强项。但是埃克斯穆尔国家公园那些被猎捕的赤鹿，平均每天要跑上 19 公里，持续 3 小时。反对者认为，这是赤鹿被迫付出的痛苦生理代价。如果你受训成为百米跑者，要你跑半马肯定负担很重。目前正反方对于猎捕会给赤鹿造成生理损害是否有确切证据，依旧争论不休。

我们可以讨论乳酸要累积多高，赤鹿才会主观将其认定为痛苦，或者鹿的红血球破裂是不是人为造成的。有关生理现象的辩论很重要，但是我不确定这对道德辩论有什么帮助。当然，被追捕一方势必会承受生理损害，动物正是因为体力透支才会被围困。这份损害远比鹿吃草吃到一半、心脏被高速导弹撞上还大。

生理损害必定会影响"情绪"（情绪两个字加不加引号随你便）。看看被追捕的赤鹿，体内的肾上腺素直线飙升，神经元就像电暖炉芯一样不断燃烧，任由信息不断地飞梭而过。但是这个现象会不会造成痛苦，那就关乎赤鹿对痛苦的定义了。痛苦和愉悦只有一线之隔，有时甚至连界限也分不清。痛苦可能也会带来愉悦，当那只疲累的赤鹿一举跃过农场大门，撕裂几条肌肉纤维时，它的大脑会产生令人愉悦又有止痛效果的内源性阿片类物质。

我曾经尝试过长途慢跑，有时候一次跑 80 公里，然后隔天起床后跑得更远，背上还背着必需品。当肌肉发出刺耳的尖叫时，莫扎特派的大脑会立刻将其编成悦耳和谐的交响曲。这首交响曲的频率跟野外大地一拍即合，所以特别动听。到了夜晚，当我拖着痉挛、流血又长水泡的双腿爬进睡袋时，我都会说："这就是长一双腿的目的，这就是活着的感觉！"这么做或许是因为我有变态的受虐倾向，虽然跟被猎捕的赤鹿可能无法相提并论，但也不能说完全没有参考价值。

我宁愿狂奔 24 公里，跑到心脏无力，各种花招都用尽：带猎犬跳进会撕裂脚掌的荆豆花丛、跑到腿软，说不定中途随时都会因痛苦而放弃逃命；大脑分泌的吗啡开始把意识拉出悸动的头部，我怀着极大的恶意希望可以将猎犬开膛破肚；我睁着被汗水盐分刺痛的双眼，望着威尔士的薄雾，最后横死户外。我宁愿如此，也不要在反刍的时候，"咚"的一声坠入一片黑暗。或许只有我这么想。**每个人似乎都希望能在一瞬间死去，不要留有时间思考。**最好是晚餐时心脏病发作，当场死亡。这是一股新潮流。几个世纪以前，人们还祈祷不要突然撒手人寰，他们想要一点时间，想要完整的来龙去脉，想要珍重道别，想要有机会评估状况，做一点值得纪念的事。现在的人们则祈祷可以省下所有麻烦，不必有任何事前警告，直接将自己弹向虚空即可。真是怪了。

赤鹿对自身死亡的概念并不清楚。"对死亡的恐惧"[1]不应被列入猎鹿人的起诉书。被猎捕的赤鹿很害怕，但是害怕不一定要有明确的理由，除了恐惧自身灭亡之外，猎犬的利齿也有很多理由令人恐惧。

屠宰场的嘈杂喧嚣和狭窄空间让牛羊很惊恐，但即将死亡的它们却似乎不

---

[1] 原文是拉丁文 Timor mortis。

———译者注

怎么为此忧虑。当人们拿着步枪抵着它们的头时，它们也没有明显试图逃跑的倾向。就算地上躺着刚死不久的同伴，它们也依然会自在地吃草。马看到其他受重伤的同类，即使伤很严重，伤口大量出血、骨头突出，马也不为所动。羊和猪看到被刺穿的同类尸体时，也不会有惊吓的感觉。当饲养的赤鹿在原野上被射杀时，其他赤鹿也只会稍微被枪响吓到，看到同类的尸体也不会吓得跑走，除非尸体数量够多，赤鹿才会理解枪械（而不是枪械带来的死亡）会威胁自己的安危。要是死掉的赤鹿嘴里掉出马铃薯，那么其他鹿也会欣然吃掉，除非马铃薯沾满了血，不然它们不会作罢。**赤鹿天生倾向于避开危险，但它们对危险的定义并不包括威胁到自身存在，所以它们也不会为了无法生存而焦虑。**

害怕自己死亡和同情他人死亡是两回事，但是这二者之间却有明显的关联。如果赤鹿看到尸体会害怕，那么我们就可以初步判断赤鹿主观上恐惧自己的死亡。但是事实上当赤鹿看到尸体时反应并不强烈，所以这个论点很难站得住脚。并不是说同类的死亡不会牵动动物的情绪，食草动物之间的关系无疑带着情绪色彩。若要生存，势必会猎杀动物，破坏生态系统。这种破坏无法避免，但是反刍动物、马和猪似乎对破坏没什么同情心。很少有证据显示这类动物心存一丝怜悯，它们仿佛是机械、是孤岛、是"冷漠"的基因容器。

关于动物同情心的研究面临着许多难题，不过还是有重要证据指出部分物种有移情作用。如果拉动横杆可以获得食物，但同时也会害得同类遭到电击，恒河猴、老鼠和鸽子都有可能选择不拉。如果是熟悉的同伴被电击，或者自己曾遭受过电击，那么恒河猴不拉横杆的概率就会更大。如果有两只黑猩猩（或者其他几种哺乳类和鸟类）打架，那么事后同伴会非常关心被打的黑猩猩（比较不关心发动攻击的那一只）。就算是搬出"互利主义"或"亲属选择"，也不能抹杀关心行为背后真实、浓烈的情绪。

如果鸽子、秃鼻乌鸦和老鼠懂得同情，那么那些充满魅力的大型反刍动物怎么会不懂呢？长着大大的棕眼、长长的睫毛，宁肯牺牲自己，花大半时间细心照顾一头小牛，这样的动物不是更应该懂得同情吗？或许死亡在反刍动物的群体中具有特别的意义，因为它们生来就是食物。这是它们出生的意义，也是存在的本质。死亡并不陌生，也不是令人畏惧的入侵者。

BEING A BEAST

刘易斯曾说，如果简化论是对的，那么人类就不应该抱怨死亡，而是轻松地接纳它，将死亡看得像呼吸一样自然。刘易斯问："鱼会抱怨大海太潮湿吗？"刘易斯认为，人类抱怨死亡，感觉好像人生来就不该死一样。赤鹿不会抱怨死亡，并表示死亡是天经地义的事。

死亡有一部分是为了实现自然预期的结果。食草动物与食肉动物都不必为此而承担道德罪过。

群体生存的三个真相

尽管我被猎犬追捕，对死亡执着到过度担忧自己，我还是未能从数十年的猎食者学徒状态毕业，也解不开猎食与被猎食交织的双螺旋。没错，我还拥有祖先的记忆，没有忘记火堆边那几双细长的眼睛，也还记得火堆营造的安全感。现在从网上还能下载到有关柴火噼啪声的音频。看到树木有低矮的枝丫我会比较安心，因为我可以爬上去避开狼的攻击。我认为《小红帽》是很重要的儿童读物，不仅故事有趣，还能教孩童保持警觉。死亡是黑洞洞的咽喉，有时还垂着一只小舌头。我渴望保有完整的身躯，同时也对截肢很好奇，对这种心态只有一种解释，那就是我潜意识里害怕被五马分尸。

但是，这些都只是我故事里的标点符号，不如形容词那样重要。我的故事是迈开步伐离开火堆，手握火把和长矛，同时双眼四处扫射。每次我都会一个箭步爬上低矮枝丫，一边嘲笑野狼，一边投出长矛。我在自己的冰河世纪里披着用长矛刺穿的狼皮保暖。我是猎食动物的人，我吃肉，但不做俎上肉。只有天气变冷的时候，我才会又变成一头鹿。在更新世的大部分时间里，我是跟鹿在寒风中长大的。

步步为营

冬天，赤鹿会从山顶下来，徘徊在兰诺赫高地（Rannoch Moor）一条通往因弗罗伦（Inveroran）的小径附近。我靠近的时候，赤鹿们仍低着头，其中有几只用锋利的蹄将积雪耙来耙去，大多都静止不动。厚重的毛皮遮不住它们消瘦的腹部。雪已经积了好几个月。如果挖得够深，它们就能吃到草，感受到被冷冻的干燥的 8 月艳阳。但是假如没挖到食物，它们的生命就会岌岌可危。这群赤鹿的余力不多了，看看它们伸出的脚有多迟疑你就知道了。踌躇到这种地步，说明死亡已经不远了。**唯有始终抱持信心，步步为营，野外才会愿意配合你。**

我放下背包，跪着朝赤鹿爬去。我跪着并不是为了隐匿行迹，因为我的动作赤鹿看得一清二楚。我也不是在模仿它们。我跪着只是因为四肢着地比两条腿走路有效率多了。用两条腿每前进一步，腰部以下就会陷入雪地，还不如划动双手，一边挖雪一边前进呢。比起赤鹿，我更像地鼠。真不知道鹿是怎么站在雪地上，只有蹄子陷进雪里的，更不知道它们要怎么才能找到草吃。我在挖出来的壕沟中爬了 180 米都没遇到一棵青草。没爬多久，地势开始攀升。我明白了。赤鹿站在高地上，是强风替它们吹去了厚厚的积雪。

在赤鹿眼中，我是一副没有武装的躯体，甩动着毫无血色的无用四肢。它们露出我未曾见过的、像牛一样的失神模样，连人工饲养、生活没有任何刺激的肥胖赤鹿也不致如此。我没用鼻子，而是用喉咙尝到了它们发酸的气味。我的鼻子闻到的是梨形糖果[1]的气味，那是饥饿的酮类发出的信号。这些赤鹿的肌肉正在燃烧，生命已然走到了尽头。如果猎鹿人在它们周围铺好稻草，那么它们就会站着不动，盯着稻草看，最后躺下来等着被吃掉。赤鹿的生命如果到了这般田地，这样的死法也算仁慈了。睡着之后被一枪崩死，尸体在雪地上冻僵，接着被送进咽喉。

我跟随赤鹿坐了几个小时，最后，没有赤鹿在耙雪地了。它们站得僵直，好像自己的纪念碑，连我的离开也几乎无法令它们转过头来了。我真傻，全身都湿透了。虽然跟鹿独处的时光温暖了我，但现在危险来了。天色渐晚，四周已没剩几盏灯，我在横跨格伦科（Glencoe）的漫长道路上挣扎前行，如羽毛般的飞雪不时会打在脸上。

一个黑色的身影从林尼湖（Loch Linnhe）升起，在越过金洛赫利文（Kinlochleven）时伸直了身子，接着朝格伦科倾斜并张开了嘴。只见一只体形庞大、振翅猛扑的风暴之鸟俯冲而下，低空掠过金斯豪斯（Kingshouse），直到展开的翅膀延伸到兰诺赫高地上方，然后才张着爪子降落。那对利爪没抓到我，但是翅膀却猛扫过了我的脸颊，夺走了我的视力，把我推得双膝跪地。我爬起来，又倒下去；再爬起来，再倒下去……过了一阵子后，我已经不怎么在意了。冰雪予我以重击，酷寒不停地榨取着我有限的精力，这真是有趣极了。后来，我累到提不起兴趣，只想睡觉，因为睡觉等于有舒服的毯子。我想拉个什么东西盖在身上，即使是雪也无所谓。只要把毯子盖好，那个来自大海的翻滚咆哮声就会消失。

---

[1] 是由糖和香料制成的英国硬糖。经典梨形糖果一半呈粉红色、一半呈黄色，组合成梨子般的形状。

——译者注

一丝细微、清晰、以老学究般的口吻禁止我放纵享乐的声音说："你得去避避风。"我认出那是我自己的声音。我回道："噢，是忘掉那咆哮，想办法取暖吗？"然后我回答道："对，这么说也没错。"我觉得必须再加把劲，于是又说："你看，如果不去避风，你就再也吃不到吐司夹豆子了。"停顿之后，我又装腔作势地加了一句："永远都吃不到了。"所以我，或者说我们两个，需要找几块木头和一小片墙，接着拿出套头毛衣、一顶帽子，还有那种早就没人在用的、又大又厚的塑料求生包。那天整晚，我们一直做着一件事：把手指和脚趾蜷起来又伸开、算算术、试图把所有记得的电话号码分解成因子，直到黎明露出曙光，咆哮止息。我们靠着墙，左右两侧冒出了几只赤鹿，它们身上没有梨形糖果的气味，反倒像是慈祥的老狗盯着我们瞧。

我没办法学赤鹿的饮食。无论在哪，青草都占了它们一半以上的食物分量，其他（至少在埃克斯穆尔国家公园）则是杜鹃科的灌木和药草，以及阔叶树的树叶，偶尔搭配地衣苔藓和零星的针叶树。凡是赤鹿喜欢的植物，我都了如指掌。我会把叶子拿起来闻一闻，捣成泥煮汤；用牙齿把叶子咬下来咀嚼，再试着呕吐出来，尝尝反刍的味道（我失败了，而且不想再试）。我还尽量打嗝，和我吃下肚的食物相处得久一些，以至于夜里还能不断回味中午的炸鱼和薯片。

我用小本子记下了咀嚼树莓、常春藤、荨麻、酢浆草和各种荒地植物之后脑海中出现的形容词，还有另外一些我模仿赤鹿领悟到的形容词，比如，蹲在北风中排便的感受、被松鸦叫醒的感觉、死掉的小牛在太阳下和雨中的气味。

我让头发恣意生长，同时还给头发涂上了一层泥。我在不同的天气下，分别尿在泥炭、石块和阔叶林地，记下尿液气味的维持时间。我思索赤鹿讨厌针叶林的原因，为什么母鹿晚上待在落叶林的时间会比白天长得多，又为什么雄鹿恰恰相反？我照着雌、雄两种模式，在不同季节进入落叶林度过了数个昼夜。我把香港脚当成赤鹿的腐蹄病，并且为了体验生长过度的蹄子，我还特地留了几个月的脚指甲。我对自己说，我要替鼻子闻到的气味做层层扫描，就像断层扫描可以把物体分层，然后再逐层仔细检验一样。山谷不是只有一种整体气味，你不会在点菜的时候说："我要点一份菜单，谢谢。"只有人类的鼻子才会犯这样的错误。不过慢慢地，我的鼻子终于学会点菜了。

理智的人也许会把以上这些游戏成果逐条列出来，但我偏不，因为在我看来这些活动实在是毫无意义。

专注当下

我在冰天雪地中与赤鹿见了面，那时我们都徘徊在生死边缘，都不是平常的自己。不管当时是什么模样，我们都太消瘦虚弱了，以至于完全失去了踩着大步的人类以及飞跃的赤鹿的形体。这次的雪地相会根本称不上是去见赤鹿，而是去见鬼魂。**被逼入绝境才会显出真性情，这句话错了。富足的时候，生物才会现出原形。如何处置财富才是造就性格的重要关键。**赤鹿有的很耐心，有的则不耐烦，但它们全等着富足时刻的来临，即夏天。如果人类真的了解赤鹿，那么一定是在夏季。不过，夏季也是最难了解赤鹿的季节。

溽暑逼人，埃克斯穆尔国家公园的赤鹿常把自己埋到丘陵边深深的河谷中，任树林围绕在周匝上方。一排排树木沿着鹿角的第一叉枝，排成整齐的行列；成群苍蝇团团围住赤鹿的粪便，就像"嗡嗡"作响的发烫机器。赤鹿静静躺着，听着青草被拔起压碎，而非被搅拌的声音。根据被咬碎的青草散发出的气味，赤鹿按照难咬的等级对青草一一排序，并将在今后严格按照顺序行事。

7月中旬的某一天，天刚破晓，我爬到老栎树比较陡峭的那一侧，跟着树枝一起滑到河谷底部。我一路顺着倾斜坡面往下，最后落在了浓密的草丛中并在那儿喘了口气。从上方远远望下来时，树林看起来就像是苔藓。而现在身处其中，我看树林却像是象鼻虫看苔藓一样。有时候枝丫好像被远方的微风吹动了，但你永远无法确定。在盛夏的林地，你永远无法确定赤鹿是否就在那里。

赤鹿曾在此地。但这个事实反而显得它们更难接近，还不如那丛野豌豆从来就没有出现过赤鹿的痕迹。那些痕迹表示赤鹿现在已经不在了，就像过世父母的遗物会提醒我们他们已经离开了一样；而如果没留下遗物，那么仿佛他们可能会再次出现。这些痕迹逼得我们不得不认清现实。

这里有一处似扭曲嘴唇状的池塘。池塘边的欧洲蕨向水边弯腰，其他欧洲蕨又向水边的欧洲蕨弯腰，只有一处例外，一只公赤鹿在那里缓慢移动着，它头上的角勾走了一撮欧洲蕨。这顶池边的绿帽攫住了公鹿的气味，经过由荒地飘下来的空气的轻柔搅拌后，气味丝毫没有被冲淡。水面上漂着交叉的雄鹿粗毛，池子看起来就像一扇碎裂的窗户，或是从一万支步枪瞄准镜看出去的梦境画面。

我脱去衣物，溜进水里，结果大腿陷入泥淖，害得我吓了一跳。我慢慢把脚拔出来，仰躺着喘气，想尽量把身体埋进水里，躲开嗜血的马蝇。池塘是一处温床，幼虫在这里扭动挣扎，若握不住水面那条双向的紧绷钢索，便会沉入由其他尸体堆成的泥淖。雄鹿离开池边之后，阳光会晒干雄鹿皮毛上沾到的小生物。当你在山丘遇见这只公赤鹿时，你其实是透过无脊椎动物尸体组成的滤镜，在看它赤色的鹿毛。

我在水里躺着，直到树林里鸟类的警告叫声，变成一般宣示地盘主权的叫声，这时泥淖已经淹到我的胸口了。我如原始生物一样从池塘登上陆地，四肢跟空棘鱼的鳍一样管用。我缩着身子躺在欧洲蕨中间，试图唤起危机感和恐惧，以压下"真有趣，太缤纷了"的心情。

我办不到，但我可以提高戒心，雄鹿产生危机感和恐惧的时候，就会提高戒心。我可以描绘出鸟类的地盘，注意警告叫声的位置变化。我可以绘制风向，避免正面迎风，这样才容易用双眼迅速扫视四周，毕竟我的鼻子没那么灵敏。我可以把视觉灵敏度调到跟动作的一致，这么一来，一旦树枝弯曲的弧度有异，我就可以立刻定住不动。然后，我得像个勤勉的兽医系学生一样，认真记住所有的常态，以便今后能一眼认出异状。所以我把天际线牢牢刻在脑海中，闭上眼重现每一处凸起。同时上方和后方的农舍狗儿也被我摸透了叫声和性情。

我急切地想穿上衣裤。身上的泥巴和甲壳质帮忙挡掉了一些攻击，但这群马蝇实在是太饥渴了。我用双手托住阴囊，像足球选手面对强而有力的自由球一样，但我同时也在不断找借口想穿上裤子。于是我把所有的衣服都丢进水里，以免看到就想穿，然后我便裸身去探索林地。

这次，我不必蹲低配合赤鹿的视线高度了。成年雄鹿的肩膀离地面约1.27米，从肩膀到眼睛大约又垂直高出 1 米左右。从我的视线看出去，赤鹿沿路漫不经心地咬了几口欧洲蕨（从来不是美食首选）。它们看到的景色跟我看到的一样，只不过它们是红绿色盲（因此少了一些夏季树林的清晰轮廓和色彩），而且对紫外线特别敏感（人类的眼角膜把紫外线都吸收了）。当赤鹿从摇曳的栎树枝丫空隙看见扁平的蓝天时，天空肯定正像威廉·透纳（William Turner）[1]的画一样，在狂暴地旋转碰撞着呢。

从赤鹿的视角来观察树林的这项挑战，不是把赤鹿的感官变成人类的感官，而是把人类的时间表调整成赤鹿的时间表。平常是缓缓的、摇摆、移动的

---

[1] 英国著名风景画家，擅长以水彩捕捉光线变化。

——译者注

步调，接着在听到咆哮的一瞬间，就立刻以每秒64公里的高速屈膝跳跃逃走。赤鹿的头部跟身体大概会以为自己被卷入了两场不同地点的交通事故。赤鹿鹿角承受的阻力会野蛮地把赤鹿的头部往后拉，而赤鹿的身体则跟头部分离，加速离开了荆豆花丛。

我在光线、露水和泥土中缓慢打滚，试着忽略心房的纤维性颤动，转而用树林慢悠悠的脉动来推动血液，以运转我的想象。我用太阳升起的速度抬起头，试着记住时间的基本单位是一个太阳日，任何小于一天的时间都跟无糖百事可乐一样不自然。整整6个小时，我都盯着同一株拉拉藤在那儿摆动。拉拉藤周围毫无动静，下面没有挖洞的田鼠，上方也没有拍翅的小鸟。这株拉拉藤就这样朝着同一个方向摇动，而旁边其他株则不动如山。接着，拉拉藤兀然停止摇摆了，但前一刻完全没有任何减缓的迹象。

阳光晒干了鸟鸣。我移到一丛酢浆草上面，马蝇比较不想靠近这里。我在这里又度过了8个小时，盯着一只蜘蛛在山毛榉幼苗和栎树幼苗的间隙搭起桥梁。等到傍晚的露水打湿叶尖时，我才发现自己漏看了几乎整张蜘蛛网。一只蚂蚁正试图爬进我的尿道，这应该算是对我的恭维吧。

天刚黑的时候，树木紧紧攫住了最后几道破碎的日光，仿佛想拱身挡住日光，防止日光溜走，同时又呼出了一些白天吸收的太阳。对裸身的男子而言，这是一天最温暖的时光，因为既可以开心地背靠着太阳，又可以让阳光洒满全身。不过星辰就没这么好心了，于是我穿上了湿透的衣物，徒步走回家。

那年夏末，我躺在围住山丘顶的荆豆花中间。鲜黄色的花卉把景色染成了一片黄，几乎看不见其他颜色，并且还不时飘出不相称的椰子味。之前，我对孩子们说："等五分钟，然后把我找出来。"孩子们回答："好。"

孩子们前十分钟都在犯一个在我意料之中的错误：先是搜索不起眼的躲藏处；接着，又跑去找能一眼看穿的地方。最后他们不得不动脑思考。我听到其中一人说："他现在是一只鹿，鹿一定会去水边。"于是孩子们跑到小溪边寻找。汤姆说："他会在树下，他说过鹿是住在树林里的动物。"孩子们又跑去树下寻找。后来大伙觉得太无聊了，于是便跑回家继续当破坏狂去了。

孩子们没有想到荆豆花，因为他们没料到我会找东西保护身体。虽然现在的鹿不再这么做了，但荆豆花确实很有用，它跟欧洲蕨不一样，荆豆花可以减少狼悄悄接近或猛冲的路线，以剩下几条可供鹿轻易监视狼的动静的缝隙。但是现在已经没有狼了。从 14 世纪起，狼就被当地人消灭了，目的在于换取人类现代文明的开始。

这群赤鹿大半辈子都住在森林的亡魂里。很久以前，这些树就因为畜牧和贸易被砍伐了个精光。赤鹿把树的亡魂当成实体，不时低下头，避免鹿角缠到英法百年战争时就被砍掉的树枝。赤鹿躲在栎树的遮蔽下吃草，它们并不知道树荫在青铜时代就消失了。**赤鹿不能把森林的亡魂驱走，否则连它们自己最后也会被驱逐。**

在这座幽魂森林里，至少我可以跟上赤鹿的脚步。事实上，我总忍不住想这么做，因为只要是人类都抗拒不了。尽管大多数现代人都被大脑神经残忍地驱逐出当下这一刻，就像赤鹿一样，他们只能住在幻想的未来，而不是过去。但是对我来说，在树林或商场里散步，感觉十分特别。天气晴朗的时候，我会花一小时专注于当下的时空。那一小时我必须极度专注（我用不怎么令人信服的口吻对自己大喊："我在这里！就是现在！"），要么自己一个人待着，要么就和我的孩子们在一起。其他时间，我就盯着农场，闻菘蓝冒泡的气味，聆听刀剑的撞击声，目睹灰狼猎下赤鹿的瞬间。

远离糟糕环境

理查德·杰弗里斯（Richard Jeffries）写了一本《赤鹿》（*Red Deer*），书里对埃克斯穆尔的着墨如下："站在哈登山（Haddon Hill）上，从邓克里（Dunkery）望去，越过一大片塞汶海迷迭香（Severn Sea），你就可以看到圣乔治海峡（St. George's Channel）旁的锡德茅斯峡谷（Sidmouth Gap）。站在这里你可以望穿整个英国。"

赤鹿的视力很好，没道理它们望不穿英国。所以我要去研究大面积的横扫视野，研究周遭环境，以及动物如何局限在某个地区，变成当地的代表动物。我本来要晃过荒地数公里，像个老练的水手凝视着布满迷雾的蓝色地平线那样，恢复我的视觉；晚上睡在壕沟，喝帕拉库姆（Parracombe）流往达尔弗顿（Dulverton）的春日河水，倾听模棱两可的方言，写下地质状况，再逐渐过渡到宏观经济。本来这会是一项很棒的研究，但是无线电追踪数据毁了这一切。每只雄鹿的定位不超过 9.6 公里，每只雌鹿则不超过 7.2 公里。动物学家约亨·朗本（Jochen Langbein）气馁地说："将任一月份或季节的平均距离按大小排序之后，可以看出（埃克斯穆尔国家公园的）赤鹿活动范围并不大，大多数时候都不超过 4 平方公里。"

成年雌鹿的移动范围为 4 平方公里左右；成年雄鹿的地盘更广，它们有两种主要活动范围（跟我以前一样）：一种是发情期的，一种是非发情期的，两个加起来刚好 10 平方公里出头。雄鹿发情的时候移动得更频繁，就跟我以前一样。不过发情跟非发情的范围只差了 2 平方公里至 6 平方公里，差距小得奇怪，不过也跟我的差不多。我想起了从贝思纳尔格林到富勒姆（Fulham）的出租车之旅。不论是人类还是赤鹿，多半是雄性在移动。

这不代表英国西南部的鹿非比寻常，地盘特别狭窄。苏格兰高地雌鹿的活动面积是 4 平方公里到 10 平方公里，雄鹿则是 10 平方公里到 30 平方公里，这里赤鹿的地盘确实比埃克斯穆尔国家公园赤鹿的要大，但那纯粹是因为荒凉的高地丘陵草叶比较稀疏的缘故。欧洲其他地区赤鹿的季节移动距离都很短，很少有超过 10 公里的，而且通常也只在冬季才会走下山避避寒风。

赤鹿不是地区性生物，对我来说，研究赤鹿也不是宏伟的计划。赤鹿研究属于地方主义研究的一部分，也就是有关赤鹿所在地区的研究。我想要走一大段距离，因为站在原地思索实在是太辛苦了。如果有人跟我一样在网站上自称"旅行家"，那么他肯定是正在逃亡，你应该问问对方为什么要逃亡。若是问我的话，我是不会从实招来的。

这些赤鹿从地面涌出来，可能这样比较容易再钻回去。我没办法像它们犹如在自家那般轻松自在。人类从属于子宫，不属于其他地理名称。我们在子宫里茁壮成长，一旦子宫被烧掉或吃掉，人类就再也找不回那种待在自己家里的轻松感了。

失去一览宏图的机会之后，我想通过加大研究强度来补足研究。我可以试着彻底熟悉一块 5 平方公里的地。从地图上来看，应该不会太困难。

埃克斯穆尔国家公园的赤鹿加快脚步移动到高地荒野，抵达算不上是森林的森林。由于鹿肉可卖得高价，因此它们只能被迫离开更温柔、更茂密、更容易躲藏的树林和丘陵边河谷。赤鹿不适合生活在高地。荒地其实是山顶地，只不过多了几公里的地形起伏，所以才看起来像荒野。赤鹿背上没有脂肪，性情也不适合住在不毛之地。这里的鹿蹄都卡着泥炭，那是从它们穿梭的那座幽魂森林的树干上剥落的真实的湿黏土。这里或许能避开盗猎者的步枪，但是却更难甩开猎犬的追捕。猎人大老远就能看见赤鹿，如果赤鹿故意绕一个大圈，那么猎人就会带着猎犬直接穿过这个圈子到达另一边。

从布伦登公地（Brendon Common）道路旁的小屋跃一大步，再跳一步，通过桥梁到有蝾螈和洞穴巨人的那一端，朝灰栎河走去，接着你就会看到一座停车场，停着从伍尔弗汉普顿（Wolverhampton）开来的摇晃、破旧的货车。你在那里还可以享受荒地的一顿早餐。

春季时节，我坐在荒地上等待还没从地下冒出的青草，结果始终都没见到嫩芽。炎炎夏日，我跟孩子们躺在林地的欧洲蕨上，看着一串串蜜糖从叶脉流淌而下，扳弯蚜虫的口器。我把小腿放下，等着专心行军的漫游大军通过。秋风飒爽，我跟着雄鹿一起走路、翻滚、挨饿。后来遇到了一只倔强的雌鹿，它听腻了大雄鹿为了展现交配优势而发出的刺耳叫声，所以转而溜下河谷，去找附近更弱小的雄鹿交配，来个基因轮流转。我在心底暗暗为这只雌鹿叫好。严寒冬日，我或坐或躺或步行。冬天的地面充满了恶意，布满死去动物的残骸，所以我通常坐在树枝上，夏天才坐在树枝下。赤鹿在忍耐，我再次发觉只有双方都在忍耐的时候，我才有办法见到赤鹿。

我又尝试了第二次、第三次、第四次。真是受够了。我回到小屋，绝望又厌恶地看着笔记本。里面完全没有写到赤鹿的世界，反倒有太多关于自己的事，这是我极欲避免的状况。我深陷拟人化的病态泥淖，就快要灭顶了。其中最大的原因是，无论鹿角有多重，走路姿态有多高贵，脖子有多粗，赤鹿永远都是受害者。赤鹿的地形景观是受害者的地形景观，只有透过受害者的眼睛才看得见。除了逃离蒙蒂追捕的那几分钟，在格伦科赤鹿群旁冷到发抖的那几个小时，还有在灰栎河与那只冷漠雌鹿相遇后，几次幻想与它团结一心的时刻之外，我都当不成受害者。**想象力和机灵头脑可以让我体会到各种感受，并反思自身。唯有与生俱来的永久性受害处境，我参不透。**

因此，这场调查研究只是白费心力。如果我不是打从一开始就受到迫害的那一方，那么把脚指甲留长也没有意义。我永远都被困在苏格兰卧铺火车那间用餐车厢里，旁边摆着步枪，周围都是我的目标。

埃克斯穆尔国家公园和苏格兰赤鹿的世界我进不去。如果我是商店门口躺在纸箱里的流浪汉，或许还能更接近赤鹿。拍一拍手，读古希腊文的贵族离去了。现在，我不能确定他到底是不是在嘲讽我了。

BEING

第六章
时刻做个行动派：雨燕

A

描述雨燕常用到两种词汇，一种是形容轻飘飘，一种是形容猛烈强力。这两者并不对立。正因为够猛烈，才能缥缈轻盈。雨燕把天空摊开，我们才到得了天上。是雨燕揭下了天空那层神秘的面纱。雨燕习惯飞翔，而你只有养成雨燕的习惯才能飞起来。

BEAST

某些人以为他们可以写雨燕，写狗，写白蚁。以下是他们的理由和一些事实：

1. 即使主人还在几百公里以外，或者临时改变计划没有准时回家，有些狗就是知道何时该去门口迎接主人。
2. 人类也有这种能力。非洲卡拉哈里的布什曼人（Kalahari bushmen）可以从 80 公里外得知狩猎团什么时间杀了动物、杀了哪一种动物，以及狩猎团回来的准确时间。他们曾经以为白人的电报是靠心电感应沟通的。
3. 挪威有一个类似的现象被称为 "vardøger"，指明明当下没有人，却传出脚步声、汽车开过碎石路的声音、开门声、把靴子上的积雪拍掉的声音等，而几分钟过后，声音的主人才会出现。这很方便，你可以提早泡茶，或换上美丽的连身裙。
4. 很多人可以察觉别人盯着自己的目光。
5. 白蚁看不见，它们是靠气味和敲击信号沟通的，这种沟通方式很容易受到阻碍。假如白蚁丘崩塌，信道被挡住，气味和声音都传不出去，那么两边的白蚁就无法沟通了。不过，它们会从两边抢修道路，以便再度相会。白蚁有一套所有个体都知道的整体计划，一旦发生意外状况就立刻按照计划解决问题。大多数社交昆虫的活动都是循此模式进行的。

6. 当一阵波动穿过一群飞鸟、一群小鱼或一群合唱团女生时，它们或她们会一起做出动作。但是实际上，波动穿越的速度远比个体反应的速度快得多。这些个体都是超个体的一部分，就像蜜蜂一样。

7. 小布谷鸟从不记得它们的父母是谁。在小鸟可以独立飞行约 4 周前，成年布谷鸟就会先行离开，从欧洲飞往非洲。之后，小布谷鸟便会自力更生，找路线飞去祖传的觅食区。

8. 君主斑蝶在美国五大湖区孵化，接着南飞到墨西哥高地过冬，春季再往北迁徙。往北的途中，蝴蝶会在美国南部（得克萨斯州到佛罗里达州一带）产下迁徙的下一代并死去。下一代之后又会繁殖好几代，才能飞回五大湖，秋天时再重回墨西哥过冬。第一批南下过冬的君主斑蝶，与第二批南下的斑蝶已经差了 3 代至 5 代了。

9. 刚孵出来的小鸡通常会粘着第一眼看见的对象。如果它们一出生就见到一个机器人，那么它们就会把机器人当成母亲。有一项著名实验把随机产生动作的机器人和小鸡放在一起，并且中间用障碍物分开。实验组的小鸡以为机器人是母亲，因此想多跟机器人亲近，于是小鸡的念力盖过了机器人的随机动作设定，使得机器人更常往小鸡的方向靠近。而对照组不把机器人当母亲的小鸡，则没有出现这种现象。

10. 科学家在刚制造出新的化合物时（他们常常在制造），往往很难将化合物做成结晶的形态，有时甚至要花上数年才能成功。但是，假设剑桥的研究团队成功了，那么通常只隔一星期，墨尔本的研究团队也会成功。这种连带效果已经有完整的记录数据。怀疑论者认为一定是有人把新的晶体带到了墨尔本的实验室当研究参考（"化学家胡子迷思"[1]），但实验室之间通常没有这种往来。

---

[1] 化学界有一个传说，做不出晶体的时候，只要挥一挥化学家的胡子，就会掉下晶种，结晶作用便能顺利进行。

——译者注

11. 对动物行为的研究也有类似的效应。如果牛津的 X 组花费多年工夫，终于教会了老鼠使用某种伎俩，而从未与牛津接触过的悉尼 Y 组也会突然成功。

12. 海胆胚胎一开始有两个细胞，杀死其中一个，海胆还是能长成完整个体（不会只长一半）。如果把两个海胆胚胎融合在一起，最后则会长成一只巨大的海胆。

13. 人类的手由数百万个不同类型的独立细胞组成，却总是能长成适当的大小和形状。

14. 有些人我喜欢，有些人就算没有致命的缺点，我也讨厌他们。待在某些善良大方、不怕牺牲、能给你带来欢笑的人旁边，我们可能毫无发展空间。

15. 一些地方能使我们快乐健康，另一些地方尽管与之特征相似，可我们就是快乐不起来。

16. 爱的力量。

17. EPR 悖论（Einstein-Podolsky-Rosen paradox）[1]：同一个来源的两个粒子（比如一个原子发射的光里头的两个光子）具有某种联结关系，发生在第一个粒子上的事往往也会立刻反映在第二个粒子上。

18. 有性生殖。正统的新达尔文主义把基因从进化的主舞台上拉下来，想掩盖、削弱其重要性，但是基因早就经过天择的检验，赋予了物种某种优势，因此有性生殖一直很困扰新达尔文主义分子。

19. 某些疾病和创伤会消除患者的记忆，但是科学家一直都找不到大脑储存记忆的部位在哪里。

20. 利他主义。

21. 社群的力量。

---

[1] 名称来自爱因斯坦、波多尔斯基与罗森三位科学家的姓氏缩写。

——译者注

以上是有关世界的事实，所以也等于是有关雨燕的事实。雨燕是世界的一部分，我也是世界的一部分。这些事实点出了一件事：只要我和雨燕同处一个世界，我就有资格写雨燕。真是让人松了一口气啊，毕竟雨燕是终极他者。我能写出来，纯粹是因为我也是他者，或者（看我的心情）因为他者并不存在。

雨燕的生存法则

有时候，雨燕离我并不远。刚才就在数十厘米之外，一只雨燕直直地撞上了屋顶，像铅垂线一样笔直，丝毫没有减速的迹象，就跟思绪一样飞速，但比思绪更大胆。如果物体跟思绪的速度一样，说不定思绪可以跟上雨燕的脚步。但是思绪没办法抓住高空飞行的蓝色身影，也不晓得每只雨燕的生命就是倒抽一口气的时间。

这只雨燕用口水把 500 只昆虫粘成一团，打算带回屋檐下那筑在热气通风口的鸟巢，喂那几只无毛的雏鸟。雨燕飞到我楼上书房的高度，对着街道尖啸。它看着书本、人类、茶汤的构造，小花羽绒被、爱德华时代的灰泥天花板、宏大的假镶板、一整排撰写 15 世纪文艺复兴辉煌的专题文章、熊、头骨、藏戏面具、看起来像精神病患的玩偶，以及众多用文雅掩饰的绝望。雨燕一会儿高声一会儿低声地尖叫，没有任何理由，只因为尖鸣很好，或那天就该来几声鸟鸣。不为蚜虫、不为飞在空中的甲虫，也不为求偶。

我也可以加入雨燕无意义的尖叫行列。4 年前，这只雨燕还在牛津孵化。前 6 周它就像个肿瘤般不断增大。接着有一天突然朝着垃圾箱跌下去，在撞倒栏杆之前及时找到了翅膀，当天夜里它就栖息在牛津上方数公里的风里了。两星期后，这只雨燕便启程飞向了非洲。来年夏天，雨燕回来绕着我们的房子打转，那年，它还没有繁殖就又去了非洲，一去再去。某一年回到牛津，它在屋子里找到小天地，也为它的精子找到了一个家。一直到它飞进我家屋顶，在我头上筑巢之前，它已经四年没碰地面、树木和任何物体了，它所接触的只有昆虫和风。

描述雨燕常用到两种词汇，一种是形容轻飘飘，一种是形容猛烈强力。这两者并不对立。正因为够猛烈，才能缥缈轻盈。雨燕把天空摊开，我们才到得了天上。是雨燕揭下了天空那层神秘的面纱。

如果雨燕没有出现，那么我们就只能卡在现状。雨燕今年迟到了，这害得我很慌张。我起了个大早，以为自己听到了雨燕的尖鸣，于是赶快冲向窗边，结果只看到跟我一样笨重的鸽子，那些睡在树上、蹲在尘土里的鸽子。后来有一天，我躺着的时候，雨燕突然回来了。瑞秋问："爸爸，你为什么哭？"她没看天空，视线盯着我的脸。"因为没事了，"我说，"因为世界还在正常运转。""好吧。"瑞秋回答。雨燕总是突然出现，或者突然消失。

空中充满了虫类。密密麻麻就像浮游生物似的，风中飘满了蚜虫、蜘蛛、甲虫等其他虫子。蚜虫可能是从英国树林草茎上被吸起来的，随后它们被塞进了汩汩作响的插孔，穿越比利牛斯山脉（Pyrenean）和直布罗陀海峡（Strait of Gibraltar），掉进毛里塔尼亚（Mauritania）一片绿洲中的棕扇尾莺的嗉囊里。

我曾尝试描绘旋涡。最佳观测地点是高耸、光秃的树，上面最好有很多立足点，这样才能踩在不同的高度观测。像这样度过一天挺快乐迷人的。飘在空中的蓟种子冠毛是旋涡的最佳标记物。每颗种子的重量大概不比蚜虫重多少。接近地面的时候，蓟种子冠毛会变得踌躇不决，从一侧飞到另一侧，看似在挑选空中的道路。到了 1.2 米的高度后，种子就会决定到底走哪一条路了。假如有一片绒毛从同一株花出发，那么选的道路大概会不一样吧。

在一片树林或田野上方，旋涡就像由乱蓬蓬的烟囱组成的看不见的森林。烟囱的墙壁很坚固，没什么能逃脱烟囱的禁锢。烟囱通常靠得很近，但几乎不平行，甚至还会相互交错。每根烟囱都有一个紧密的向心排孔，但排孔并不是直直往上的，因为里头还有潮汐和涡流。虫子和种子会彼此碰撞，从墙上反弹，一会儿翻筋斗，一会儿又表演阿拉贝斯克舞姿。一只蚜虫差一点飘出树冠外，幸好它被夏天胖嘟嘟的脸颊又吹了回来，与另一只一小时前从树下灌木开始往上爬的蚜虫擦身而过。

树线的顶端有一片混乱的三角洲。烟囱在那里开始膨胀、相互纠结，接着共同被洒进一只浅碗不断旋转。漂浮的残骸逐渐找到节奏，气流变得更宽更紧密。雨燕在气流中觅食。或许再往上还有一片三角洲和扁平的气流。当然，到了 100 米高度附近，能啄食的量就少多了，但雨燕通常会升得更高，飞在几乎没有食物的地方。

在开阔的乡村，情况就不同了。那里的太阳会用力吸吮土地，长条状的气流会席卷大地，迎面撞上墙、壕沟或涟漪，然后直升云霄，变成一颗颗棉花糖。那一根根巨大的空气烟囱中蜿蜒着数条由蜘蛛和蚜虫汇成的河，有时宽达数百米，从田野如洪水般汹涌奔腾至高处云层之间。如果把手伸进去，肯定会被削伤。

盛夏的天空通常是一块严格分层的供鸟类食用的三明治。雨燕在最上层觅食，岸燕在雨燕的下方，家燕则用尾波扫动青草尖端。雨燕有时会切进岸燕的地盘，而当天空变得厚重、充满潮湿的电力时，雨燕就会继续往下，飞近家燕所在的田野和湖泊。

雨燕吃东西很讲究很挑剔。尽管它们一天会抓 5 000 只以上的昆虫,嘴巴张开跟一张拖网一样宽,但却很少拉开网子补食。雨燕喜欢大型不带刺的昆虫,甚至愿意为了吃这种虫而偏离航道。雨燕很擅长辨别极细微的差异。比如猎食蜜蜂时,它们只挑没有毒刺的雄蜂。各位不妨试试用 15 米 / 秒的速度辨别雄蜂和工蜂。雨燕并不是看到外表危险的昆虫就抓,因为雨燕也会吃其他伪装成蜜蜂和黄蜂的无刺昆虫。虽然我们不清楚雨燕是如何分辨雄蜂和工蜂的,但肯定是靠视觉。

雨燕是一群猛禽,是从空中盯住目标的猎犬,它们猛扑起来跟梗犬没有两样。雨燕有两个眼窝:一个是比较浅的"单目镜";另一个是比较深的"放大镜"。深眼窝大概也可以被当成双筒望远镜,用来计算快速移动的昆虫距离。雨燕好比猎豹或游隼,一旦发现囊中物,就会依照猎物体形与之保持一定的距离,如同游隼跟鸽子、猎豹跟汤氏瞪羚,或者我跟对面山丘的赤鹿一样。每只猎食者都有相同的视觉空间问题要解决。雨燕跟游隼一样,会一边点头一边接近猎物,不断切换宏观和微观的视角。只有有效运用深浅眼窝,才能避免吃到那根毒刺。

雨燕平时在天空平原纯以猎捕为乐,但若是烟囱自动送上新鲜大餐,雨燕也会毫不客气地大快朵颐。有一次,我正巧目睹了一场猎杀派对。那时我正准备将一个很小的孩子送去托儿所,突然,路边树林上空爆出一群黑压压的尖啸火花。雨燕及时出现在这顿主动送上来的大餐前,根本不浪费任何时间去急转弯,只是一个劲地朝前开路,挤过左右张着嘴的头,想办法飞到虫子最密集的区域。

我们跑到街道对面,我让 3 岁的孩子躲在荨麻丛里,我则尽可能爬到最高的树顶。那棵树可真够高。我坐在树顶下第一个分岔的树枝上,一头探进三角洲的猎杀地带。我看见一条舌头,短短粗粗,又灰又干。我看见自己,一脸痛苦又瞠目结舌的表情，一股冰凉的气流往下抚过脸颊。我猛地含住一整口幼虫，吐到一台从 275 米外送小孩来的全新奔驰车顶上。

这是我最接近雨燕的一次。至于要变成雨燕？我还不如直接扮上帝得了。

从时间视角理解工作的价值

我替自己系好吊带，任由降落伞把我拖向天空。我尝到了身处高空的滋味，但我的味觉本来就是设计给 1.83 米的高度，而不是 1 800 米的高空。我听到了狂风的怒吼，但我的耳朵只是两个固定在头部两侧、不断翻动的器官，并且正被持续涌出来的强风往下压。上升的时候，我没能去感受随高度变化的气温。我因满心恐惧又满脑子思绪而涨红了脸，无暇注意温度，身体其他部位则被包在羊毛和尼龙里，接触不到空气。**雨燕靠呼出的空气形状来感觉与地面的距离，并仔细去闻一整排的气味高柱。它们在地球的反射影像（就跟太妃糖一样又密又黏）中狩猎。**

我从树林和田野往下看，只能看到树林和田野。雨燕看到的则是提供外送服务的比萨店。你不必亲自跑一趟，只要打一通电话，跟另一头空洞的声音点餐就行了。你不太清楚那里到底有什么，你也从来没细想过，只大概知道位置。如果非说不可，那么你大概会把那家店当成地标，用来指明去别处的路，就像雨燕会用路上的标志来辨认方向一样。但是这地方除了供应比萨之外，其他丝毫激不起你的兴趣。雨燕的家在空中，地面只负责运送食物。也难怪诗人老是会把雨燕形容成远离尘世人间的存在。如果真有生命能在天上生存，那真是非雨燕莫属了。

要变成雨燕，最大的问题不是它们在空中，而是我在地上。速度才是棘手之处。人类的速度慢到不行。人类和雨燕眼中的空气质地差异颇大，但跟生活步调的差异比起来这简直不算什么。就寿命而言，雨燕跟有些人类有得比。最长寿的雨燕活了 21 年。而在寿命方面，雨燕与人类真正的差异在于雨燕每一年投入的生命多寡。以下是一些数字，因为数字也能透露出某种真相：

每年春天和秋天，雨燕从牛津飞越约 9 000 公里来到刚果，这等于一年 18 000 公里，这还不包括日常生活移动的距离。秋天 66 天（飞行 30 天，停留 36 天），春天 26 天（飞行 21 天，停留 5 天）。[1]算起来秋天每日平均飞 300 公里左右，春天每日平均飞约 430 公里。我们假设停留期间每天要飞行 75 公里觅食、翱翔、睡觉、娱乐，而非迁徙期间则每天飞行 100 公里。

这样一来：

春季迁徙：9 000 公里加停留期间 375 公里；
秋季迁徙：9 000 公里加停留期间 2 700 公里；
其他时间：273 天乘以一天 100 公里等于 27 300 公里。
一年（按 365 天计）总计：48 375 公里。
再乘以 21 年就是 1 015 875 公里，这大约是地球到太阳距离的 1/150，或者地球到月亮距离的 2.6 倍。

雨燕身长约 16.5 厘米，我身高大约 183 厘米，差不多是雨燕的 11 倍。如果按照这个比例，我在 21 年要行走的距离等于地球到太阳距离的 1/13，或者地球到月亮距离的 29 倍。若继续保持这个速度，等我活到 84 岁（将长寿雨燕的年龄置换成长寿人类的年龄），我的行走距离相当于地球到太阳距离的 1/3，或者地球到月亮距离的 116 倍。但是雨燕的一生不只是迁徙和杀生（虽

---

[1] 估计数字取自在瑞典繁殖的雨燕。

然一想到每一只雨燕要做数百万次评估、精确瞄准、转头、掠食就已觉得很惊人）。那 21 年中它可能会繁殖 19 次，每一季出生的雏鸟数平均为 1.7 只，这等于繁殖期雨燕总共会生 32 只雏鸟。乘以 4 倍后，等于我要生 128 个小孩。

以上是雨燕花时间做的事。但它们能理解自己在做什么吗？假设（对，这是一个很大胆的假设）雨燕跟人类一样会看电影，当它们看着将自己的一生拍成的电影时，它们会不会觉得自己飞得很快？是否会觉得万头攒动、觅食昆虫的影像很疯狂？如果这些问题具有一定的意义，那么雨燕肯定对速度拥有某种程度的概念，不管这概念有多粗糙。

蜗牛移动的速度非常非常慢，只能察觉 1/4 秒以上的动作。如果你在蜗牛面前摆动手指，一秒摆动超过 4 次，那么蜗牛只会看到一根静止不动的指头。树懒则是冻结了动作：模糊一切、简化一切、整合一切，整体的许多细节都在整合中流失了。

如果时间属于整体的一部分，那么整体的独特部分都将被抹除，而且还会让你以为自己看到了事情的全貌。动作偏慢会把时间抽离视觉。过度简化简直就是一种欺骗。另一方面，只要速度够快，你就能看见时间的价值，并从时间的视角看到你的工作应有的贡献，同时注入复杂和细微的差别。

如果你跟某些鸟类一样，可以听出间隔短于 0.000 2 秒的声响，你就知道听起来乏味的鸟鸣其实也是非常丰富的。如果有人类听得见，那么他们肯定会被悦耳的鸟鸣震慑到跪倒在地。只要分辨率够高，你就能见证奇迹，包括鸟鸣、视觉、哲学。唯有看不见毛毛虫的脚才会像天鹅绒一样摆动，听不见藏红花钻出土壤的咕哝声的人，才会不敬神。但通常这也怪不得他们。换一种说法：速度很快的硬件和软件会让世界的脚步变慢。如果把鸟鸣慢速播放，辨识力很强的鸟儿听到的鸟鸣就会跟我听到的一样。如果两个声音间隔 0.000 2 秒，那么放慢后我大概就能听出前后声了。鸟类一秒钟可以听完的声音，我大概要花 2 小时 45 分钟才能听完。如果鸟鸣继续照这个速度播放，而这只鸟（姑且说是雨燕）活了 21 年，那么既然它每单位时间投入的生命是我的 1 万倍，那么这只雨燕实际上就活了 21 万年，等于东非第一位现代人类与我们之间的时间距离。

再试着从物理速度来看，我们得悉心注意许多不同的神经形态。蜗牛最快一小时爬一米，因此它们的视觉辨识功能可能极度粗糙。雨燕长距离迁徙速度的最高纪录是（显然是顺风飞行）一天 650 公里。春天迁徙的平均速度则是一天 336 公里。研究人员用追踪雷达测量雨燕的飞行速度，发现雨燕春天迁徙时每秒可飞 10.6 米，如果持续 24 小时，那么等于一天飞 916 公里。世上奔跑速度最快的尤塞恩·博尔特（Usain Bolt）跑 100 米要花 9.58 秒，然后一跑完就会停下脚步，大口喘气，旁人立刻替他裹上毯子，递上运动饮料，还得将他抬到肩膀高度绕场致意。雨燕一天要飞 100 米的 3 360 倍，连续将近一个月，一边觅食，一边穿越沙漠、海洋和群山。相比之下，人类最快的速度在雨燕看来也不过跟蜗牛一样慢罢了。

当然，以上理工宅的计算比较法有几个明显不被认同的理由，我一边写一边就能想到一些。这些反对意见我通通同意。但是尽管上面的数字毫无价值，还是值得写出来，方便我待会提出其他论述。

数字或许是雨燕使用的文法。文法不可或缺，但光有文法是写不成诗的。我试着用散文方式写作，因为一遇到雨燕，任何诗句都会一败涂地。

持久改变始于第一次行动

我无法跟着雨燕一起在天空飞翔。比起地面，我在空中跟它们的差距更大。搭飞机当然不能算数。坐在一支充满屁臭味的猛冲金属管里跟雨燕简直差了十万八千里，飞机上的视野跟现实脱离，就像在看地图一样。

说到空中，我一定要有扣带和挤压睾丸的护具，让我能在空中倾斜、摆荡、翻腾。空中的我无异于一只巨大蚜虫，无异于飘在空中的雨燕猎物。我在地面至少可以一次躲避翻滚几秒，山上刮大风的时候，就算风速跟雨燕在迁徙中感受的速度相同，我也不觉得危险。当我在荒地高处脱光衣服，竖立的体毛带给我的感受不全然异于雨燕从纤羽的触觉感受器中感受到的那种刺麻感。纤羽是沿着轮廓羽毛长出来的羽毛，跟头发一样细小。纤羽会跟着其他羽毛一起摆动，让指挥总部知道每一根大羽毛的位置。

置身水中或许比在地面上待着感觉更佳，我猜，但和雨燕的距离还是很遥远。我凭借浮力漂在水中，就像雨燕飘在海平面上方3公里的空中睡觉一样。我的腿就是雨燕的剪尾，作用都一样。我的手臂可以弯成军刀似的双翼，带着我在水中上浮下潜。但是水夺走的雨燕生命几乎跟它赋予的一样多。水会带走速度，于是连雨燕的时间也一并带走了。比起全身僵直的雨燕，行动缓慢的雨燕更算不上是雨燕。

我应该还是留守地面最可能变成雨燕，至少看得见、闻得到雨燕捕食的空气之河，听得见黄蜂在耳边的声响，想象它飞到300米的高空变得支离破碎，还能迅速拍掉停在我手臂上的苍蝇，速度就跟雨燕转动粗短的颈部、把苍蝇一口关进它的鸟喙一样快。

我坐在牛津自家花园的长凳上，眼睛盯着雨燕，看着它们往上攀升，进入高空歇息，避开了所有目光、所有感知、所有言语，我不禁感到绝望。我受不了它们离我而去，所以跟着它们横跨海峡、飞越法国，既像个奴隶，又像个试着寻找文物或圣地的门徒，把雨燕在途中可能看到、闻到、听到的事物都记录下来。

我得在笔记本上正确地描绘出法国北部皮卡第那堆篝火的气味，雨燕说不定会吃到顺着那堆篝火的烟升到空中的甲虫。比利牛斯山咖啡店的叽喳聊天声也不能漏掉，同一个词语可能两周前也有人说过，就在同一桌，用相同的音量讲出来。声波从同一片发霉的白涂料、以同一个角度反弹到山岳上方的空中，化成雨燕同样听得见的隆隆声响。这股声响还造成了相同的一波推力，猛然推动了飘浮在空中的蚜虫，吸引雨燕转头。那一夜，从安达卢西亚人（Andalucian）的庭院端上来的酒，滋味也必须叙述得一字不差，因为雨燕排泄物中的硝酸盐可能顺着根系进入葡萄，而在葡萄藤上进食的昆虫可能会跟着一阵柠檬和腐败虾子的迷雾，被你我都知道的那东西，或者那家伙给席卷到空中。

这世界是一张网，细如薄纱，因缘交织。每个因缘都与其他因缘相连，如果你谨慎追随，最后必会追到雨燕身上。我想我只是由精神病患者呼出的、如小虫般微眇的一股气息。这不太妙。雨燕是所有事情的始终，这么一来，中间的过程都会受到贬低，我能表述的内容也大大缩减了。这个念头纠缠了我多年。有时候我比较自负，可以把这个思想实验当成愉快的游戏："雨燕怎么才能将我的网球肘和冰岛银行体系崩溃联结起来？"我会这么自问。除了这个主要病状之外，我还有另一种怪诞使我的病更加根深蒂固，病情也继续恶化。就如朝圣者崇敬门徒的一步一脚印，门徒崇敬圣人的足迹一样，我也努力追随着雨燕的脚步。

一到春天，我就会去同一间酒吧，坐在同一个位置，喝同一种雪莉酒，观望直布罗陀海峡。因为雨燕第一次抵达陆地的时候，我就在那里喝着那种酒。我会请乐手演奏同一首曾引来雨燕的曲子。4月底5月初的牛津，我用双眼死盯着地面，将视线往前延伸到路面尽头，因为我每次都在那里与雨燕初遇，真怕自己会在其他地方看到它们的身影。这种行为听起来（至少）是严重的个性缺陷或强迫症，说好听一点叫"习惯"。做这件事让我更快乐，也使我常常抱着期待。**习惯或许是接近雨燕的一种方式**，因为其他途径不仅上了锁，而且还加装了双重螺栓。

雨燕看似打破了许多定律，实际上它们跟我一样都遵守着同一套大自然法则。不论尝到多么浓烈的不朽，雨燕终将一死。地心引力对我的影响虽大过雨燕们，但不代表它们就可以完全无视。我们同属一个管辖权，拿的是同一本护照。我们可以住在一起，一同出游。我们现在彼此都有了一些共同的习惯，因此我们可以继续培养更多。

生物学家鲁伯特·谢尔德雷克（Rupert Sheldrake，本章开头条列的许多事实便是由他校勘的）认为，自然法则就像习惯。宇宙已经习惯某些行为方式，所以这些行为方式便被视为自然法则。钠原子和氯原子会自然形成盐晶体的排列方式，因为它们习惯了这个形态，而且已经做过数兆次，模板都建立好了；静电凹槽开得很工整，原子利落地到位，练习臻于完美。习惯是阻力最小的直线，正因为有用所以不断进化，也因为不断在使用所以保存至今。

如果有人刚开始规律地慢跑或节食就会知道，新习惯没那么容易养成。宇宙是一层坚硬的表面，想刻上新纹路很困难。不过，只要做过一次，再做第二次就简单多了。想想"化学家胡子迷思"，以及牛津和悉尼的老鼠。一旦成功做过一千次，后面的就能更加易如反掌。难怪进化史老是在大跃进：数百万年都没什么长进，接着就出现了一次大突破。

我的手指长到一定程度就会停止生长，因为指尖已经碰到记忆中手指生长模式的边界。那是一种习惯的行为。手指会遵行生长的模式。布谷鸟有一种集体无意识，里头内嵌布谷鸟的习惯，这份记忆会带领小布谷鸟飞到非洲。心理学家荣格对布谷鸟、手指和盐晶体的见解都是正确的。这个过程需要物体之间进行许多超凡对话。钠原子必须和氯原子对话，胚胎时期的手指必须和某种理想的手指对话，小布谷鸟必须和逝去的祖先对话。

　　大规模迁徙活动最终充满了柏拉图精神。数百万只亡故的雨燕化成了一波无形的大潮，将雨燕拉到 6 000 米的高空。亡故的天空牧羊人一路赶着雨燕横越比利牛斯山、地中海和撒哈拉沙漠的西境，深入刚果。

　　"你不必提那么多玄妙的东西，就可以解释燕子的迁徙，"一位知名动物学家如是说，"正统生物学就得研究得很详尽了。鸟类的基因地图，为它们指引了大致方向。接着还有各式各样的机制，比如说，鸟类头部可能拥有磁性水晶体，会使鸟类在迁徙的过程中不断微调路线。雨燕的体内有座'时钟'，它们也懂得判断太阳的位置，有必要的话还会观察穿透云层的紫外线。"

　　真的吗？就这么简单？这番话是我投向谢尔德雷克怀抱的最大推手。美国作家特伦斯·麦肯纳（Terence McKenna）关于现代科学基础原则的话言犹在耳："给我们一个自由产生的奇迹，我们会负责解释因果。"麦肯纳当时说出这句话的语境是要以整体的角度来解释大自然。麦肯纳又说："那个自由产生的奇迹，是宇宙中所有质量和能量以及支配这些质量和能量的所有定律，在那一瞬间，从虚无中示现。"

　　本章一开始条列的那些令人难以接受的事实也一样。

宇宙展现了一条法则，告诉我们基因相同的细胞通常会遵照看不见的蓝图，也告诉我们有一种机制会将这个习惯写成编码，以便让生物照着蓝图走。

结果我们写研究报告、描述现象时，却用"先决体细胞差异"之类的语词，试图掩盖自己不知道整个现象出现的缘由。先承认小布谷鸟的体内本来就有一股渴望，在没有任何向导的帮助下能飞越数千公里抵达非洲，与基因父母相遇；然后我们就可以发挥聪明才智，推测小布谷鸟飞过一趟之后，如何靠铁矿更仔细地规划返回路线。"基因地图"比起集体无意识，难道就一点也不玄妙吗？集体无意识只不过缺乏一点解释效力，难道"基因地图"就不是集体无意识的一种表现形式吗？你或许会质疑谢尔德雷克假说的解释效力，或是他以经验为依据的研究基础，但是比起某个学者不觉得杜鹃迁徙有什么问题，不认为需要找出比生理指南针更深层的答案，谢尔德雷克做的科学研究更令人满意。

有一股力量推动着雨燕和布谷鸟的迁徙大潮，控制着手指细胞长到刚好的尺寸，并且使原子顺从地在排好的晶格就位，谢尔德雷克将这股力量命名为"形性领域"（morphic fields）。谢尔德雷克假设领域的力量有一部分是相似性的作用。从理论上来说，我认为宇宙万物皆由某种力场联结在一起，只不过家族相似性强化了这份联结的力量。这又是另一种谈论习惯的方式。雨燕彼此共享一些习惯，习惯又会巩固习惯，因此又会再增加习惯的强度。**但是我们并不能跟同一物种的任一个体都共享习惯，我们只能跟同居的个体共享。**比如我们会变得越来越像我们的狗，我们的狗也会越来越像我们。如果住在森林，久而久之也会染上树木的气味。

显然我们不只会向生物学定义的有生命的个体（天知道这是什么定义）学习，**从万物学习一切是一种洞悉未来的练习**。我从一位活人那里学会了希腊文，而他则是从多位逝者那里学会的。我的老师将希腊文教授给我，就我所知，老师则是从哥特人和柏柏尔人（Berber）身上得到的"遗赠"。当然，老师与我一样，也跟死去的黑猩猩、狐猴、蝾螈和果蝇共享着许多基因编码。

这件事真是振奋人心，我的希望有着落了，因为我和雨燕也共享着一些习惯。要履行这些习惯，需要付出高昂的代价、大量的时间，也要具备固执的心理，这些习惯带我坐上火车、轮船、飞机，去到酒吧、庭院、灯塔、公园长椅、某地边缘、被镜面玻璃包覆的特拉维夫（Tel Aviv）保险公司大楼、柏林的小学，以及郊区屋檐下尘土飞扬、塞满蝙蝠大便和玻璃纤维的长廊。我早就跟雨燕共享着习惯和栖息地，而且我很想变成雨燕。想必意念也算是一个考虑因素吧？

只有不停奔跑，才能留在原地

非洲西部一座大城中，住着一位黎巴嫩籍的理发师。理发师把发廊当成神庙，用来供奉一位温柔而苛求的女神。理发师称她为"美丽女神"。其他人说这只不过是庸俗的艺术作品，理发师置若罔闻。理发师在各国游荡，一发现最上等的宝物就带回西非。巴黎那款窗帘非常轻薄，蚊子如果够厉害，甚至能一头撞穿帘子；意大利的镶嵌马赛克用高密度聚乙烯制成，外表依旧迷人。

我跟伙伴奈杰尔一起待在理发师的庭院，奈杰尔靠在格拉斯哥（Glasgow）推着手推车贩卖铁娘子乐团（Iron Maiden）的T恤为生。跟猫一样大的狐蝠替我们扇着风，蝉声和轰隆作响的空调声几乎快要合成完美的完全音程了。理发师拿了一瓶玛歌酒庄（Château Margaux）出产的葡萄酒招待我们。第二瓶喝到一半时，理发师开始信任我们了。"来。"他一边说，一边向我们点头示意。我们低头钻进由两株相吻的木棉树搭成的隧道里，来到一间漆成金色的棚屋。理发师开了几道挂锁，抚摸着固定在门柱上的《圣经》章句，接着开了门，点亮防风灯，挥手唤我们入内。

棚屋的地板铺满刚割下的绿叶，墙壁漆成明亮的蓝色，唯有最里面那道墙没有颜色。屋内尽头摆着一张石桌，上面有一只熏香炉，炉口正上方有一张照片，垂挂着婆罗门婚礼中那种红色、黄色的塑料康乃馨花串。"见鬼了。"奈杰尔说。确实如此。那是一只雨燕。

照片是在距此遥远的河流上游拍的，影像模糊又污渍斑斑。一只雨燕在天空的衬托下，偏离照片正中央，显然正飞在一丛红树林上方。理发师屈膝膜拜，点燃几支线香，又再度跪拜，接着倒退走向门口，把我们一起推了出去。他不发一语，重新把门上锁，催促我们回到庭院，把酒杯斟满。没人提起雨燕，话题就这样转到污水对环境造成的危害。

那夜我们离开的时候，奈杰尔说："我们一定要去一趟，你说是不是？上游那里？"我说："没错。"于是我们就去了。

奈杰尔住在兰希区（Lanbhill），圆盘状的卫星电视天线充当他家的屋顶，圆盘凹陷处还种了一池睡莲。尽管雨燕的尖啸声一定搅乱过睡莲池，奈杰尔却从来没认真看过一次雨燕。除非是穿着裙子的美女，或是佐烤马铃薯的鸡肉料理[1]，奈杰尔对鸟类一概没有兴趣。但现在他对雨燕可着迷了。奈杰尔说："我们可以 3 点半出发，到时候就很凉爽了。"我回答："一点也不凉爽。干脆 6 点再出发，热气那时差不多就散了。""我是说凌晨 3 点半啦。"奈杰尔笑到不行。我说："不必急，真的不必。"我说得信心十足，真不知道这股信心打哪来的。我又说："附近雨燕多得是。"理论上，这句话没错。当时是 9 月初，牛

---

[1] 作者在此用了文字游戏。英文的 bird 除了指鸟类，也能指少女、鸡肉或火鸡肉。

——译者注

津雨燕应该正准备悠闲地经过这里，返回非洲深处。但这不是我说不必急的原因。

奈杰尔不接受我的建议。凌晨 3 点半，我们拖着宿醉、胡子没刮、没吃早餐的身体（我还多了一层怒气）出发了。这跟我想的完全不一样。奈杰尔急躁地开车穿越晨曦，沿途只停靠过三次。一次是因为前轮撞死了一只狗而发出的巨大声响，一次是因为我下车到猴面包树下呕吐，最后是因为车轴"啪"的一声断裂了。

从车轴最能看出一个人最佳和最差的一面。奈杰尔就像暴君一样支配着旁人，虽然他从不喊累，但也很粗暴。我记得奈杰尔当时拦下了另一辆车，拔走了他们的车轴，把一家九口连同他们那辆开不动的车子一起丢在了路边的矮树丛中，任由他们啜泣。整件事听起来不太对劲，但我的印象就是这样。不管真正的事情经过是什么，我们很快（简直不能太快）就坐在红树林旁边畅饮啤酒了。奈杰尔拿着海军用的超大双筒望远镜扫视着天空，而我则查询着返回海边的公交车的发车时间。

空中一只雨燕都没有。我得跟奈杰尔待在一起，看着他望向天空。奈杰尔同时也竖耳倾听着书上描写的雨燕叫声。后来我才告诉奈杰尔，雨燕到了非洲就不叫了。讲出来好多了，不然一听到门扉的"吱呀"声，或者某只猫被踩到的叫声，奈杰尔都会立刻跳起来查看。

大多数时候，奈杰尔会沿着河边来回踱步，脖子伸得僵直，眯眼直视着太阳，期盼雨燕会破日而出。天空稍微透出点晨光，奈杰尔就会立刻起床（尽管雨燕不算早起的生物），泡一杯黑咖啡维持敏锐的反射神经，并不时变换姿势以免雨燕躲在树后。有时候，奈杰尔也会跑去躲起来然后再跳出来，以免这是一场他没弄懂的猫捉老鼠游戏。日落之后，奈杰尔会抱着一杯哀伤的免税尊尼获加（Johnnie Walker），以一脸被骗的表情望着夜莺。不必着急，现在还不是时候。我们还有时间盯着卷起来的明信片，看长出"人类手指"的树木握成拳头，看茅草屋顶一寸一寸变得腐朽颓败。自从上一场风暴过后，这里整个地方都在等待着下一场风暴。它所能做的只有等待。

这里到处是双眼细长的木制面具，我坚信那些面具还保留着神力。我们身处内陆数百公里，但也会看到一根坚固的帆桁，以及感受到一半的潮汐。我看不出半点陆地和海洋正在协商的征兆，海洋压根不需要让步。几只灰头海鸥为了一条几内亚狒狒光秃的腿大打出手，那根大腿股骨的顶部发出珍珠般的光泽。海鸥争抢的模样就跟我的孩子们为辣鸡翅打架一样。这群长着胡须的庞大老东西溜进红树林的拱门，有时候会被人拖出来乱棒打死，用大火烧死它们肠子里钻来钻去的尖头寄生虫，即便如此，狒狒们也不怎么埋怨。

"没看到雨燕，我是不会离开的。"过了几天精神紧绷的日子，奈杰尔告诉我。"那当然。"我回答。

隔天，我们将车开进尖刺的矮树丛，远离油亮的泥巴和恐怖氛围。这里会突然冒出棕色的小东西，往空中跳去或钻进阴暗的荆棘隧道。湿气是最可怕的威胁，而这里并不会满身大汗地张开双臂欢迎来客，所以反而比河流更善待我们。我看奈杰尔观察雨燕的样子看得累了，于是便脱下外套，靠在树干上数着蚂蚁睡了过去。大概睡了半小时，我往侧边滑下去。突然之间，我醒了过来，整个人跳起来大喊："它们来了，它们来了。"

奈杰尔之前也挡不住睡意睡着了，于是我赶紧把他踢醒，指着天空。那一刻，空中只飘过了一朵云，而下一秒它们就出现了，跟我预料的一样。7只雨燕，无声尖啸，直接飞来了，它们一会儿高一会儿低，猎捕着风，猛力撞过上升热气流。那股气流肯定一路飕飕地上升了 300 米高，像老旧的公交车装的电扇产生的风一样。雨燕拉动了整个世界的天气现象，因为它们是世界之鸟。

"见鬼了。"奈杰尔说。确实如此。

雨燕在比利牛斯山抓到的甲虫，到了冈比亚说不定还活着，还被困在雨燕的喉囊里抽搐着，最后甲壳虫的甲壳才随着雨燕的一小粒粪便，以一道圆弧线落下来。这片甲壳说不定还会撞到射向敌人头部的子弹，使子弹射偏。谁知道呢？但是我们不需要空想一连串的良性因果事件，以证明雨燕很重要。

我可以照着雨燕的路线走一遍，但是没办法像雨燕那样令人欣喜，我对周遭也没什么影响。**雨燕一年一度的迁徙活动来回跨越赤道，像针线般将南北半球缝在一起，如同獾联结地下和地上世界。**是雨燕阻止了南北半球的分化。人类在用极端字眼形容雨燕时，其实很像是在形容解剖刀和针。我之所以会在瑞秋面前为雨燕的归来而哭泣，是因为接下来的一年，我不必担心世界会分裂了。

人类还会用一些超凡的字眼形容雨燕，大意都是大祭司的意思。雨燕为了我们而飞，它们的初衷是救赎。雨燕不断移动，才使我们免于舟车劳顿之苦。獾可以成为当地的生物，住在威尔士山丘的洞穴里，是因为有其他生物，也就是至高无上的雨燕，承担起了必须进行的移动。雨燕就像是跳动的心脏和起伏的胸膛，维持着世界风箱的正常运作，以便让行动缓慢的生物不在睡梦中死去。雨燕为死水注入冒泡的氧气，帮助其他生物呼吸。**静止不动等于死亡。只有不停移动，静止才能存在。**如同只有全球蓬勃发展出了国际关系，地方特色才能合理存在。所有坚固的系统都不是静止不动的。

郊区屋主想把阁楼盖得更温暖、更安全、更稳固，于是雨燕能筑巢的地点变少了，这导致雨燕的数量急遽下降。万一雨燕消失了，我们能活多久？无法移动的人们也许那时才会知道自己是多么需要雨燕。"雨燕文学"的代表人物是一位多发性硬化患者，平时必须靠轮椅行动。当他抬头看着盘旋的雨燕在夏日晴空中刻下柏拉图式的语言时，他说道："没错，因为雨燕行动自如，而我是它们的一部分，所以我也能行动自如。"

我在那棵树下的西非灌木丛中被安静的雨燕唤醒，那时它们离我还有好几公里的距离。我对其他物种从未拥有过如此强烈的亲密感，我也自知无论是滑行、跳跃、航行等方法，都无法接近雨燕。完全放弃会产生一股力量。说不定哪天我能跟着雨燕飞翔，而且完全只是因为我无法靠其他方式跟雨燕一起行动，或者说不定我根本动弹不得。

不久之前，我坐在一顶闷热的圆顶帐篷里。一位穿着背心的美丽女性告诉我们如何想象与动物的相遇。她说："放轻松。闭上眼睛，想象一个洞口。兔子洞或狐狸洞都无所谓，任何洞穴都行，但最好可以直接深入土中，然后想象自己爬进洞里。画面越清楚越好，看着树根，在上面左右扭动，仔细闻腐叶土的气味。继续往下，不要回头。你会遇见一只动物，请跟它打招呼，它会很高兴见到你，并愿意帮助你。这里是它的地盘，所以记得保持礼貌。你是客人，就让它引领你，带着你继续往下。别跟丢了，你即将展开一场探险。如果你想象不出洞穴，那就直接从你家厨房的排水孔下去就行了，一样可以到达那个地方。"

她开始快速敲鼓，鼓声的频率跟仓鼠脉搏的跳动一样快。帐篷外头，人们沐浴在一阵锣声之中，他们身上的"气"被细心地重新调整了，而我的孩子们则正拿着帐篷槌四处打闹。我们全都进到洞里，我往前爬了 15 厘米，头就被卡住了。我在原地飙汗，其他人则在各自的世界里自在翱翔、奔驰、快跑。"我遇到了一只狼，"一个人喘着气告诉大家，"那是一只大灰狼，脖子有白色斑点，还有一双蓝眼睛。我一开始不想跟它走，但它一直用鼻子轻推着我。它的鼻子好温暖、好舒服。它让我骑在它背上，我整个人沉了进去，然后开始感觉到脚下的松果——它脚下的松果！"我们亲切地倒抽了一口气，报以微笑。

"我们，其实是我，爬上了陡直的上坡，闻到右边有鹿的气味，但肚子还不饿。我在树丛间发现了一个洞穴，地下埋了几根奇怪的骨头。我开始用前脚挖土，然后就听到鼓声在唤我回来。"那人表示，今年的感受比去年要强烈多了。很抱歉，恕我无法相信。我不是不相信那人经历了他所描述的那些经过。他百分百诚实又诚恳。但这些还不够，事情没这么简单，你得养成习惯，靠着双腿或双翅勤劳移动。光有善意和丰富的想象力还不够。

第一步不是从理解开始，第一步也不该从想法着手。行动才是你首先该做的。在这个物质世界，在这由不同元素造就的神奇的世界，你不能像帐篷里的那些人一样，想象着用手就能直接抓住抽象概念。它们太滑溜了，没有实体，还会随着辉煌耀眼的实体变动。你必须在土里弄脏身体，在风中打颤恐惧，在火里吟唱，在水中晕船。如果你很想认识某种生物，你就必须用相同的爪子或翅膀不断扒扒扒，扒开这个世界。

雨燕习惯飞翔，而你只有养成雨燕的习惯才能飞起来。

唯有融入生态之中，才能在波动的环境下获益

"那么，这本书在讲什么？"我和一位知名的希腊诗人坐在岛上，他喝了几杯红酒，轻蔑地把鼻息喷进胡子里。我把我认为的本书宗旨说给他听。"不可能，"他其实想说"真可笑"，但他太客气了，"好像你想活在第五维度一样。你可以用数学的方式说明，但是不能描述住在里面是什么感觉。"

"不，"我回道，"这本书跟那不一样。如果真是如此，我不得不开始怀疑自己究竟有没有建立过真实的人际关系。我跟某只狐狸身处同一个三维空间，而对人类和其他的狐狸来说，第四维度的时间流动是非常神秘又不稳定的。没错，狐狸一闻就能闻出几年的信息量，能把时间压缩起来。但是这跟我快速翻看全家福相簿比起来，其中的差异并没有大到无法想象吧。"诗人挑挑眉，露出同情又世故的表情。

不知为何，我继续说道："你的鼻子对气味非常讲究，比一般人更讲究，当然也比我更讲究，所以尽管这是一家很棒的希腊小餐馆，你还是坚持带自家的酒来。即使如此，我还是多少可以理解你说的'酒'，甚至'美酒'，或甚至你形容好酒的一些形容词。就算我现在不懂，我也可以学习，争取能唤醒鼻子的某些潜能。"诗人说："但是，我完全无法想象住在亚拉巴马州的南方浸信会教徒的生活是什么样子的。你无法使自己的心灵通晓与这个人生活有关的一切。"

我同意。那的确是第五、第六或第七维度的世界。但是诗人的比喻反而让我燃起希望。我说:"说得没错。我跟狐狸的相同点比较多。我曾跟狐狸生活在一起,现在我仍跟狐狸活在同一个具体化的感官世界,这里面充斥着森林、土壤、骨头和寒意。我曾跟狐狸在真实地点相遇,今后也还会。从此我开始说'我与汝'。告诉你,每次与狐狸的相遇都让'我'成长。如果'我'有所成长,没道理'汝'没有成长吧?如果我们在同一片土壤上成长,彼此在对方散发的光芒的照射下逐渐茁壮,这难道不能算是了解对方吗?"诗人翻了一个白眼,大口灌下那杯其他人无法靠近,也无法理解的美酒,接着把话题转到克里特人(Cretans)和色雷斯人(Thracian)的口音。

　　小餐馆外面长了几棵橄榄树,在更快乐、更有智慧的时代,踩着羊蹄的畜牧之神对基西拉岛的少女吹奏小夜曲,在她们肚里播种新生命。如同得体或不得体的酒神女祭司,我在路边啜饮着由葡萄酿成的酒,终于本书的假设条件感觉不那么荒谬了。我希望人们能以成果评断这本书,就算称不上鼓舞人心,至少也不偏不倚。

　　我从小在边缘地带长大,比如社区边缘(其实我们从不真正属于任何地方)和城市与荒野的接缝处。到了晚上,我会走过几条上流社会的街区,当霓虹灯偶尔停止绽放光芒时候,我会往下看着城市:一脚踩着石楠,另一脚踩着柏油;一脚踏在光里,另一脚踏在黑暗里。夜间漫步塑造出我的性格,边缘造就了我这个人。抽掉这些元素,我就会溶解。我无法存活在只有石楠或柏油的世界。我曾想过,不晓得其他人是不是也跟我一样,我现在还是不清楚。自私的我希望有人是我的同类,我想见他们一面。

　　因此,在成长过程中,我对疆界既怀疑又完全依赖。在开始漫游和阅读之后,我想知道人类能不能跨过分隔人类与其他物种的疆界。这条疆界感觉是人类用当代生物学分类传统自己划出来的。而且根据各界说法,我们和其他大多数文化，经常在侵犯这条疆界，或者因进入边疆而兴高采烈、感到更充实。我大可以走上苛刻、欢乐、充满绿意的道路。但我太害怕了，于是只好转身从事赏鸟和哲学思考。

说到哲学思考，我对三个问题很有兴趣。也许各位没发现，本书一直在探讨这三大问题。

第一个问题从石楠、柏油而来：我们的选择能力有限制吗？我们拥有一些自主权，这很棒，同时也很吓人。人们以为只有在偶发的、不寻常的情况下，自主权才会受到严厉考验。事实上，每天做的那些小抉择才是最吓人、最能直接得到反馈的。你可以决定要不要早起、绕着田野慢跑、冲冷水澡、读艾略特（Eliot）的《米德尔马契》（*Middlemarch*），或者要不要继续赖床、不断切换购物频道。这件事令我大感惊奇，永远无法平复。这是一个决定生与死的选择。所以请选择生存。人们常说，至少常对自己说："有志者，事竟成。"这句话是真的吗？有个好方法可以测试其真伪。如果我有权变成獾，那我就有充足的理由对人类自主权更有信心。

第二个问题关乎身份和真实性。我时常担忧自己什么都不是。就算有什么能代表我，也会不断发生变动。我想确定查尔斯·福斯特是否有一个坚不可摧的核心价值。要想测试这个理念，那就变成狐狸，看看狐狸是否能散发出我独一无二的气味。

第三个问题关乎他者。我担心自己在这世上是完全孤立，完全无法接近他者的；担心自以为在经营一段关系，结果完全没这回事；担心所有对话最终都是相互误解；担心我无法理解他人，他人也无法理解我。有个练习或许有帮助。如果我可以和动物建立真实关系，如果可以跟雨燕建立情谊，那就应该可以跟孩子们培养亲情。当然，我无法用欧几里得的方式证明自己和雨燕的关联，但是建立人类与动物的关系会比建立人际关系简单，不会有许多纠结的情绪把关系搞得更复杂。也就是说，要确定一段人类与动物的关系是否真实会比较容易。如果关系为真，而且感觉和人际关系相近，那么我就能更不带怀疑地爱我的孩子。

以上是我在山间、荒地、溪流、海洋和天空思考的问题。我认为自己多少有点进展。

自主权和生理机能替人类设下了限制。如果（似乎非常不可能）人终将灭亡，那死亡也会有灭亡的一天。我飞不起来，也没有时间学会所有的词汇，用诗意补偿缺失的双翼。人类有无限的代偿能力。与雨燕产生足够的共鸣，就可以变成雨燕，或者你只是在教堂高楼遇见这群尖啸的族类，就能欣喜到不在意自己跟它们的不同（说起来两件事好像是一样的）。

无论如何，查尔斯·福斯特在爬行、挥砍和潜水的时候，身上一定会散发出自己的气味。应该说，闻起来更像他自己。我认为原因不是整个变身练习失败了，而是这个练习证明了施与越多，蒙受越多。这个原则在任何情况下都能令人安心。我具有某项特质，独一无二，而且值得耕耘。

我见过并且认识一些动物。树林中多得是悄悄存在的"汝"们！一只伦敦东区的粗鲁狐狸曾在一座庭院，用威严的垂直瞳孔攫住我。我看过太多笼子里示意和威胁的眼神，多到我能判断它们是否有互惠精神。我还有机会和他人互相了解，这真是太振奋人心了！

还有第四个比较不抽象的问题。动物和我住在同一个世界吗？我们游的是同一条河、翻找的是同一个垃圾桶、挖掘的是同一片土壤、望穿的是同一座隔绝威尔士的海峡、闻到的是同一股几内亚湾翻腾的颓败潮汐吗？我把这个问题留到最后，因为我自己也拿不定主意，大概每半小时就会改变一次想法。希望再过一阵子，问题的答案能够慢慢凝结成美丽的晶体。

我不能一直待在野外，有时候我必须回到散发恐惧、刺鼻气体和野心气味的地方。每次待在这种地方，为了让自己好受一些，我就会想：獾正在威尔士山丘上睡得香甜；水獭正在罗克福德的池塘翻动卵石；当太阳照得我在粗花呢外套里狂冒汗的时候，狐狸也正对着同一个太阳眨眼；雄赤鹿正在幽静的森林里反刍，一旁的石块围绕着灰栎河；雨燕正从我牛津的书房上面孵出来，飞出去猎食，翱翔在人类视线以外、刚果河上方的炎热青空。说来也奇怪，这些动物竟然能成为我的慰藉。它们应该嘲弄人类，而不是安慰人类。它们应该说："你不在场，哈哈哈！"可为什么它们没这么做？

我发现，当知道自己深爱（不管爱的定义是什么）的生命，尤其是人，还好好活着的时候，我也会产生与之相似的安心感。或许，可以说我深爱这些生物（不管爱的定义是什么）。这个念头令我局促不安。前面的书写，我都尽力避免把动物拟人化，结果现在却犯下了最大的错误。

更糟的是，我说的爱（不论哪一种定义）是互惠的爱。除非对方爱我，否则我不是真正爱对方。

这值得好好思考。

参考文献和致谢通常是分为两个部分的，我认为这没什么道理。人和读过的书没有太大的不同。如果我向某人请教一些问题和困惑，他们的回答往往会引用大量的文献。这时候，人和研究资料就同时在场了。

我没有列出所有帮助过我的人。如果要一一详列，那就是所有我曾经见过、看过、听过的人，以及他们曾经见过、看过、听过的人，以及所有……不断外推的无限名单。有些人的名字被我换成了化名。参考数据也不是一一详列的，我只放上了基础文本，给想要延伸阅读的人参考。

我的挚友 Jay Griffths 和 Iain McGilchrist，谢谢你们无条件地支持本书。那天我在 Iain 位于苏格兰斯凯岛（Skye）的家，Iain 正在替牡蛎去壳准备做料理，我则一边看着外面的尤伊斯特岛（Uists）被暴风渐渐笼罩，一边敲下了本书的第一个单词。另一天，我刚结束与寻血猎犬的追捕，和杰伊走在埃克斯穆尔的布伦登公地，本书的最后一个单词就在我脑海中成形了。

感谢我的无敌经纪人，Jessica Woollard；感谢我的超级编辑，Profile 出版社的 Mike Jones 和 Rebecca Gray，以及 Metropolitant 出版社的 Riva Hocherman；感谢 Juliana Froggatt，你的文字加工和编辑准确到令人惊叹；还要感谢 Inkwell Management 版权代理公司的 George Lucas，谢谢你的善良与智慧。

感谢 Colin Roberts，谢谢你在德比郡皮克山区为我带来快乐的时光，这对我影响甚深；感谢 Derek Whiteley 和 Andy Powell，谢谢你们把对自然历史的热情"传染"给了我，这个"传染病"我是永远治不好了。

感谢位于库姆马丁（Combe Martin）印地克诺丽农场（Indicknowle Farm）的 Mark 和 Sue West，谢谢你们肯定我的獾人身份。

感谢 Nigel 和 Janet Phillips，你们是我在海滩上"捡"到的最棒的"宝物"。

感谢各种伸手相助：Paul Kingsnorth、Andy Letcher、Hugh Warwick、James Crowden、Arita Baaijens、David Bostock、Geo & Mandy Johnson、Katherine Stathatos、Gus Greenlees、Annabel Foulger、Magnus Boyd、Marnie Buchanan、Karl Segnoe、Dark Mountain 团体和 Shooting Times 的编辑群。

感谢我长年受苦的妻子 Mary。

当然，还要感谢我的幼兽 / 犊牛 / 雏鸟：Lizzie、Sally、Tom、Jamie、Rachel 和 Jonny。你们是我最最重要的老师。

考虑到环保的因素，也为了节省纸张、降低图书定价，本书编辑制作了
电子版的注释与参考文献。请扫描下方二维码，下载"湛庐阅读"APP，搜索
"动物思维"，即可获取注释与参考文献。

未来，属于终身学习者

我这辈子遇到的聪明人（来自各行各业的聪明人）没有不每天阅读的——没有，一个都没有。巴菲特读书之多，我读书之多，可能会让你感到吃惊。孩子们都笑话我。他们觉得我是一本长了两条腿的书。

——查理·芒格

互联网改变了信息连接的方式；指数型技术在迅速颠覆着现有的商业世界；人工智能已经开始抢占人类的工作岗位……

未来，到底需要什么样的人才？

改变命运唯一的策略是你要变成终身学习者。未来世界将不再需要单一的技能型人才，而是需要具备完善的知识结构、极强逻辑思考力和高感知力的复合型人才。优秀的人往往通过阅读建立足够强大的抽象思维能力，获得异于众人的思考和整合能力。未来，将属于终身学习者！而阅读必定和终身学习形影不离。

很多人读书，追求的是干货，寻求的是立刻行之有效的解决方案。其实这是一种留在舒适区的阅读方法。在这个充满不确定性的年代，答案不会简单地出现在书里，因为生活根本就没有标准确切的答案，你也不能期望过去的经验能解决未来的问题。

湛庐阅读APP：与最聪明的人共同进化

有人常常把成本支出的焦点放在书价上，把读完一本书当作阅读的终结。其实不然。

时间是读者付出的最大阅读成本

怎么读是读者面临的最大阅读障碍

"读书破万卷"不仅仅在"万"，更重要的是在"破"！

现在，我们构建了全新的 "湛庐阅读"APP。它将成为你"破万卷"的新居所。在这里：

- 不用考虑读什么，你可以便捷找到纸书、有声书和各种声音产品；
- 你可以学会怎么读，你将发现集泛读、通读、精读于一体的阅读解决方案；
- 你会与作者、译者、专家、推荐人和阅读教练相遇，他们是优质思想的发源地；
- 你会与优秀的读者和终身学习者为伍，他们对阅读和学习有着持久的热情和源源不绝的内驱力。

从单一到复合，从知道到精通，从理解到创造，湛庐希望建立一个"与最聪明的人共同进化"的社区，成为人类先进思想交汇的聚集地，与你共同迎接未来。

与此同时，我们希望能够重新定义你的学习场景，让你随时随地收获有内容、有价值的思想，通过阅读实现终身学习。这是我们的使命和价值。

湛庐阅读APP玩转指南

湛庐阅读APP结构图：

12+图书订阅服务 纸质书 有声书 电子书	**读什么**	泛读：一书一课 泛读：通识课 **怎么读** 精读：精读班
优秀的读者和终身学习者	**与谁共读**	**跟谁读** 作者、译者、专家、推荐人和阅读教练

湛庐阅读APP

三步玩转湛庐阅读APP：

读一读 ▼

湛庐纸书一站买，
全年好书打包订

书城

听一听 ▼

泛读、通读、精读，
选取适合你的阅读方式

扫一扫 ▼

买书、听书、讲书、
拆书服务，一键获取

扫一扫

APP获取方式：
安卓用户前往各大应用市场、苹果用户前往APP Store
直接下载"湛庐阅读"APP，与最聪明的人共同进化！

使用APP扫一扫功能，
遇见书里书外更大的世界！

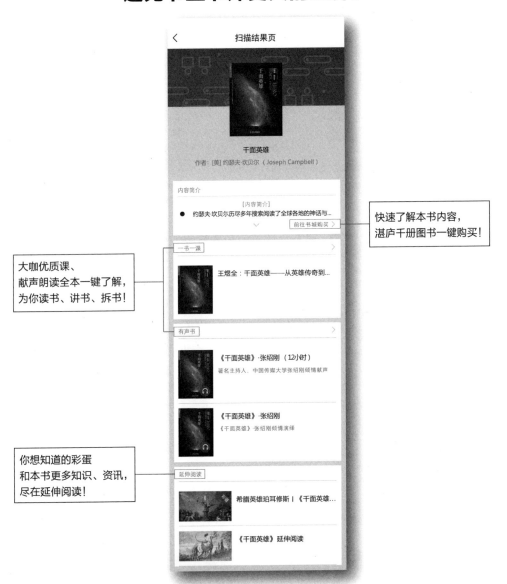

快速了解本书内容，
湛庐千册图书一键购买！

大咖优质课、
献声朗读全本一键了解，
为你读书、讲书、拆书！

你想知道的彩蛋
和本书更多知识、资讯，
尽在延伸阅读！

《极端生存》

◎ 斯坦福大学杰出海洋生物学教授史蒂芬·帕鲁比和美国知名科学作家安东尼·帕鲁比联袂巨献。

◎ 海洋世界版的"博弈论",生存与进化的"新博物学",别开生面的"生物学思维大课堂"。

◎ 小说的叙事风格,科学的精准陈述,精美的插图解说,重现海洋生命在极端环境下的疯狂生存策略。

使用"湛庐阅读"APP,
"扫一扫"获取本书更多精彩内容
ISBN 978-7-213-09194-
9 787213 091940

《最后一个人类》

◎《纽约客》、Slate 网络杂志专栏作家,美国知名文学杂志 The Millions 特约撰稿人马克·奥康奈尔所著。

◎ 数字时代荷马的奥德赛之旅。《三体》《机械战警》《西部世界》预言成真?我们是进入半机械人的时代,还是迎来人类的全体覆灭?

◎《时代周刊》、《科学》杂志、美国国家公共广播电台一致推荐,入围英国皇家学会科学图书奖、全球最权威的非虚构类贝里·吉福德文学奖。

使用"湛庐阅读"APP,
"扫一扫"获取本书更多精彩内容
ISBN 978-7-213-09099-8
9 787213 090998

《动物武器》

◎ 进化生物学家、曾获"美国青年科学家与工程师总统奖"和"爱德华·威尔逊博物学家奖"的道格拉斯·埃姆伦所著。

◎ 集军事、历史、演化、博物学及营养学等内容于一体的科普书。

◎ 回答关于动物与人类武器的诸多疑问,生动展示武器进化中那些精彩绝伦的故事。

使用"湛庐阅读"APP,
"扫一扫"获取更多精彩内容
ISBN 978-7-213-08522-2
9 787213 085222

《多样性红利》

◎ 广受欢迎的"模型思维课"主讲人、圣塔菲研究所复杂性与多样性研究专家、密歇根大学教授斯科特·佩奇所著。

◎ 创造性地提出多样性视角、启发式、解释和预测模型四个认知工具箱框架。

◎ 告诉你如何应用工具箱中的工具,用多样性创造更多的红利。

使用"湛庐阅读"APP,
"扫一扫"获取本书更多精彩内容
ISBN 978-7-5536-7385-1
9 787553 673851

Being a Beast.

Copyright © Charles Foster, 2016

图书在版编目（CIP）数据

动物思维 /（英）查尔斯·福斯特著；蔡孟儒译
.—杭州：浙江人民出版社，2019.7

书名原文：Being a Beast: Adventures Across the
Species Divide

ISBN 978-7-213-09315-9

Ⅰ.①动… Ⅱ.①查…②蔡… Ⅲ.①动物行为 - 研
究 Ⅳ.① Q958.12

中国版本图书馆 CIP 数据核字（2019）第 101957 号

上架指导：动物行为 / 生物科学

动物思维

［英］查尔斯·福斯特　著

蔡孟儒　译

出版发行：浙江人民出版社（杭州体育场路 347 号　邮编　310006）
　　　　　市场部电话：（0571）85061682　85176516
集团网址：浙江出版联合集团　http://www.zjcb.com
责任编辑：蔡玲平
责任校对：姚建国
印　　刷：天津中印联印务有限公司
开　　本：720mm×965mm 1/16　　印　张：14.75
字　　数：190 千字　　　　　　　插　页：1
版　　次：2019 年 7 月第 1 版　　印　次：2019 年 7 月第 1 次印刷
书　　号：ISBN 978-7-213-09315-9
定　　价：69.90 元

如发现印装质量问题，影响阅读，请与市场部联系调换。